进化的真相

THE

FACT

OF

EVOLUTION

进化

的相

真相

[英] 卡梅伦·M. 史密斯 编著

李 靓 侯冬霞 译

辽宁科学技术出版社

·沈阳·

© 2021 辽宁科学技术出版社

著作权合同登记号：第 06-2019-103 号。

图书在版编目（CIP）数据

进化的真相 /（英）卡梅伦·M. 史密斯著；李靓，侯
冬霞译. —沈阳：辽宁科学技术出版社，2021.2

ISBN 978-7-5591-1711-3

Ⅰ.①进… Ⅱ.①卡…②李…③侯… Ⅲ.①进化论
Ⅳ.① Q111

中国版本图书馆 CIP 数据核字（2020）第 152417 号

出版发行：辽宁科学技术出版社
　　　　　（地址：沈阳市和平区十一纬路 25 号　邮编：110003）
印 刷 者：辽宁新华印务有限公司
经 销 者：各地新华书店
幅面尺寸：145mm×210mm
印　　张：10
字　　数：240 千字
插　　页：4
出版时间：2021 年 2 月第 1 版
印刷时间：2021 年 2 月第 1 次印刷
责任编辑：闻　通
封面设计：周　周
版式设计：鼎籍文化创意　马婧莎
责任校对：徐　跃

书号：ISBN 978-7-5591-1711-3
定价：68.00 元

联系编辑：024-23284740
邮购热线：024-23284502
E-mail:605807453@qq.com
http://www.lnkj.com.cn

致谢

在此，我以全身心的投入来感谢众多生物学家、遗传学家、博物学家和野外实地研究人员一个多世纪以来的辛勤工作，正是他们默默无闻的奉献，帮助人类更深入地理解生命。

我要感谢我的父母唐纳德和玛吉特教授，感谢他们为我创造的成长环境。我还要感谢我的兄弟马克和朱利安，谢谢他们在工作和生活中对我的关心。最后，我还要特别感谢安吉拉·佩里，给我充足的时间和动力来完成这本书的创作。

目录

插图列表

图表列表

前言

　　1987 年，在哈佛大学 Koobi Fora 野战学院的经历，激发了我对生物进化的思考。在沙漠中摸爬滚打，寻找古人类的化石时，我总是不那么专注。我时常担心眼镜蛇，因为我目睹了米薇·利基（Meave Leakey）博士在一次野外科考中差点儿被那东西咬到。在造访它们的领地时，我会因为提防它们的出没而忽略了一些重要的线索。

　　当发现百万年前的石器工具时，我开始想象古人类加工使用那些工具时的情景。他们会害怕什么？为了生存他们需要考虑什么？非洲大陆不仅仅是古人类生存演化的舞台，更包含了复杂的生态系统。通过古人类的骨化石，我们可以了解其部分的演化历史。然而，我们还需要考虑他们在整体生态系统进化中的地位。回到英格兰后，为了深入理解那些生态系统，我扩展了研究领域。在此期间，我读到了一本让我受益匪浅的书——《另一个独特的物种》，罗伯特·佛雷（Robert Foley）的作品。这本书帮助我们在一个更大的背景下研读古人类，当然，情况也会随之变得更加复杂。随后，我又发现了另一本书，理查德·道金斯（Richard Dawkins，1941— ）的《自私的基因》，这本书开启了一个新的维度，让我们从分子水平重新理解我们现有的知识。

早在 20 世纪 80 年代，关于古人类的研究主要基于化石，伴随着新技术的诞生和发展，使得研究人类进化遗传学成为现实。这样的研究工作虽然复杂，但也引人入胜。这也丰富了我研究生阶段关于人类进化的考古研究尺度，涵盖了分子、个体、种群以及整个生态系统。

当开始在太平洋西北海岸的考古学研究时，我始终关注进化生物学的发展。因为进化理论是解释所有生命现象最基本的工具，甚至可以帮助我们解读人性。

当开始讲授史前人类进化的课程时，我不止一次发现学生们对于进化理论存在着根本性的误解。在帮助学生纠正误解，让他们正确理解进化过程的同时，我对进化理论又有了更深入的见解。授课和学习一样，都需要不断地接受新的知识，培养并改善自己的批判性思维。

虽然我们每个人都是进化的产物，但不是每个人都有机会学习进化理论。我和查尔斯·沙利文一起完成了科普读物《进化的十大神话》，旨在让广大读者了解进化理论，消除大众对进化理论的诸多误解。这本书非常受欢迎，从亚利桑那到新西兰的上千个图书馆中你都能找到它。我们要感谢美国图书馆协会、美国科学进步协会、美国国立科学教育中心，以及著名科普作家安·德鲁扬（Ann Druyan）和科普推广者卡尔·萨根（Carl Sagan）对本书的资助。

我笃信《进化的十大神话》的必要性。一些常见的误解让人们拒绝接受进化论及相关的科学研究方法。在以科学为基础的文明中——从手机到基因治疗到航天飞船，那样的偏见令人惴惴不安。我们每个人都在独立地感知自然世界，我们无法脱离世界而存在，我们脚下的路是自然的恩惠，我们口中的食物也是自然的馈赠。我不奢望每一个人都成为科学家，但我希望大众能够提高对进化论的理解和认识。当我们思考生物多样性、基因治疗、我们口中的食物，以及一切与生命有关联的事情时，我们可以更好地理解自然，进而影响现实世界。

《进化的十大神话》旨在告知人们"进化不是什么"，而本书《进化的真相》解释了"进化是什么"。

巧合的是，《进化是什么》是生物学家恩斯特·迈尔编写，并于 2002 年出版的一本介绍进化论的图书。也许有人会质疑同类型的书是否还有必要出版。我认为非常有必要，也很高兴 Prometheus Books 出版社同仁和我看法一致。尽管迈尔等人的著作非常优秀，但进化论还是因为一些误解而不断地被人排斥。我认为教育可以消除误解（在自己课上的亲身经历），因此我决定完成这本书的创作。

"进化的真相"是我为本书挑选的书名，旨在显示关于"进化的争论"的结果已经尘埃落定。进化并非"只是一个理论"，而是作为一个事实被生命科学界广泛接受，关于进化的任何讨论都应以此为基础。解释清楚"为何进化是事实"非常重要，不是因为某些学术大家认为它是，而是因为自达尔文的进化论诞生 150 年以来，成千上万的研究提供了无数的科学证据，证明了进化就是事实。

我确信进化论本可以解释得更清楚一些。那些介绍性图书通常没有采用我在本书中使用的线性以及清晰的组织结构。在过去十余年的授课过程中，我不断改进对进化的阐述方式，以期让许多学生能够清晰地理解进化论的精华。我希望本书也能对读者产生同样的效果。

托马斯·布尔芬奇于 1855 年出版了《布尔芬奇的希腊和罗马神话：神话时代》，他在书中写道：

> 如果没有神话的知识，很多优秀的母语著作无法被理解和欣赏。当拜伦把罗马称为"尼俄伯之国"、将威尼斯形容为"海洋西布莉"时，他能够唤起人们的想象力，这超越了一般文字的生动和鲜明。但如果读者不熟悉神话，就会不明就里……这就是为什么我们经常听到有些文化人说他们不喜欢弥尔顿……[1]

在对自然界生物的理解上，我有类似的感受。对进化论的认可能够让我们更深入地理解纷繁的生命，而我们自身也正是其中一员。作为人类，我们会好奇自己的起源，会思考食物如何产生。为什么我们会对生物世界如此着迷？这只需打开一本书：

---

[1] 参见 *Bulfinch's Greek and Roman Mythology: The Age of Fable*，托马斯·布尔芬奇（Thomas Bulfinch，1796—1867）著（纽约：Dover 出版社，2000 年出版）。

他打开的那一页介绍的是解剖学，映入眼帘的第一段文字是对心脏瓣膜的描写。任何活门他都不熟悉，但他知道活门就像折叠门，这就像缝隙里露出的一道亮光，让他第一次对人体内如此精密的机理有了清晰的概念。通识教育使他能够自由阅读任何内容，雅俗共赏，去伪存真，摆脱思想偏见。不管他知道了什么，他的大脑都储存了起来，他知道了自己的血液是如何流动的，理解了纸为什么能够代替黄金。但是度假的时候到了，在他离开座椅之前，世界变得焕然一新！他有预感：他将不断地用知识填充大脑中无尽的未知空间。从那时起，利德盖特感到了求知欲的生长。❶

---

❶ 参见 1873 年出版的小说 *Middlemarch: A Study of Provincial Life*，乔治·艾略特（原名 Mary Anne Evans，1819—1880）著。读者可以在 *Darwin's Plots: Evolutionary Narrative in Darwin, George Eliot, and Nineteenth-Century Fiction*（剑桥：剑桥大学出版社，2009 年出版）一书中感受到更多的达尔文主义对英国文学的影响。

序

莫蒂默·惠勒（Mortimer Wheeler，1890—1976）爵士曾打趣道："年表是考古学的脊骨，虽说不是考古学的整个骨架，但至少是其脊骨。"在本书中，我也没有妄图呈现进化的整个骨架和肉身，而是着重阐述进化的脊骨。作为科普作家，我发现过度简化的恐慌总是萦绕心头。画家在抽象与现实之间找到了平衡点，学者和科普作家也理应如此。

书中的许多注释都是对正文中某一特定内容的阐述，某些注释提供了所引示例的原文，以便读者进一步拓展阅读；某些注释阐明或提供了所述理论的上下文语境；某些注释就如同盒子里的巧克力：你永远猜不出下一块的味道。

为了完成本书，我花了三年时间开展研读准备工作。我惊奇地发现，大千世界里，关于进化的研究五花八门，这令我兴奋不已。在本书中，我尽可能多地提供案例，但很多种类的生物都没有得到充分的展现。最明显的是没有足量的微生物和植物的示例，尽管我在文中提及了它们。不过，我谨慎地避免使用人类进化的例子。诚然，人类已经进化了，但自从 200 多万年前我们开始依靠工具和文明生存以来，人类进化的许多细节已经与其他生命形式有了显著区别。很多条件超越了我们所能直接获取的资源范畴，我们有了极其复杂的繁衍规则，我们能够保护自己免受自然世界中许多严酷条件的影响（我称之为"选择性压力"）。另外，我们能够有意识地发明各种手工制品和使用方法，这似乎是其他许多生命形式所不具备的能力。事实上，如书中第九章指出的，这些人类预处理的事实使我们认为进化难以理解。基于所有这些原因，我更愿意从与人类共享地球的其他亿万生命形式的角度来理解进化，并简化到增殖、变异和选择的结果。

正如作家兼记者马特·里德利（Matt Ridley）所指出的那样，对人类基因组的大量研究都是为了找出人类疾病（例如癌症）和其他问题的原因，以至于阅读有关人类基因的书籍，会让人产生这样一种印象：基因的存在只是为了给人类带来问题。我已尽量避免讨论人类遗传学，取而代之，我在书中讨论的是许多人类以外其他生命形式的遗传学。

我也尽量避免使用"物种（species）"这个术语，尽管我在文中必要处给它下了定义。相反，我多次使用"生命形式（life-form）"这个术语，有时指个体，有时指整个群体或整个"种类"的生物，即一个物种。

引言

没有任何事物如进化这般奇妙。

思考一下书名，我写本书的目的不是固执己见或哗众取宠，而是为了提出一个非常重要的观点，而且我认为这个观点将有助于读者更好地理解自然世界。

当我们在电视上或在其他大众媒体上听到或看到"进化（*evolution*）"这个词时，难免会产生这样一个印象：进化是一种东西。进化不完全是一个名词，因为它没有被具体化为一个人或一个地方，但它给人的感觉是一种"物的存在"的过程。我们被告知，进化"塑造"了物种，使它们完美地适应环境；我们被告知，进化"造就"了人类；我们被告知，进化"只关心"适者生存……在这些对进化的描述中，隐含着一种"他性"，但这种"他"是海市蜃楼。

这种"他性"甚至暗示了一种意图，我们将在本书中了解到，这种意图是完全不存在的。即使在马特·里德利的《基因组》这样一本精彩的著作中，我们也读到了一些早期的人类祖先"为了更好地从一边到另一边咀嚼，失去了（巨大的）犬齿"。❶ 但是，正如我们将要看到的，这些早期人类并没有为了更好地做任何事情而失去他们较大的犬齿。事实上，那些早期人类祖先出生的时候，起初只是偶然没有继承祖先的大犬齿。不管出于什么原因，他们繁衍后代，把小犬齿的基因传给了后代，最终"淹没"了大犬齿的基因。在这个过程中，没有通过进化决定最好用犬齿做这个或那个。这里的措辞非常微妙，但它的影响，就像诗歌一样，恰恰就包含在这种微妙之中。

我的观点是，无论这些说法多么正确——是的，进化是对生命形式的形状和多样性的解释，它们的措辞方式也常常会引发大家对进化的根本误解。为了澄清误解，在本书中，我以一种拆解这个词的方式解释了进化的原理，为大家呈现进化的"黑匣子"。

进化是一个词，我们用它来描述自然世界三个独立事实的意外后果：

> 1. 生命有后代的事实（增殖）。
>
> 2. 后代各不相同的事实（变异）。
>
> 3. 与其他后代相比，某些后代能把更多的基因传
>
> 给下一代的事实（选择）。

---

❶ 我并不是要抨击马特·里德利出色的科学写作，但我确实认为这是一个重大的措辞错误。原文参见 *Genome: The Autobiography of a Species*，第 23 章，p33，马特·里德利（Matt Ridley）著（纽约：Harper Perennial 出版社，2006 年出版）。

进化不是一个东西，它是增殖、变异和选择这三个可见事实的结果。正因为进化是这三个事实的逻辑结果，所以它不再具有争议性。进化不是简单的发生，而是必须发生。

本书解释了我们如何知道进化是事实。

第一章　不要盲从

进化是对新环境的改变和适应。进化学家眼中的世界不断变化，永无止境，充满了未知。

——A. 基欧 ❶

---

❶　参见 *What Darwin Began: Modern Darwinian and Non-Darwinian Perspectives on Evolution*，p181，A. 基欧（A. Kehoe）所写："*Modern Antievolutionism: The Scientific Creationists*"。劳瑞·罗德·戈弗雷（Laurie Rohde Godfrey）编著（波士顿：Allyn & Bacon 出版社，1985 年出版）。

2008 年 1 月，世界顶级科学杂志《自然》刊登了名为"宣传：进化是科学事实，每一个基于进化理论进行科学研究的组织都有义务解释这一真相"这一篇文章。❶《自然》作为科学世界的代言人，公开以书面形式确定生物进化的真实性，同时号召全世界的生物教学工作者继续教授这一概念。

为何争论那么久？

许久以来，大部分人已经接受了生物进化这一科学真相。如今，进化论之于生命科学，犹如万有引力之于经典物理。诚然，进化领域还留有许多问题有待研究，随着生命科学研究发展日新月异，我们对进化理论的理解也在不断更新深入。30 多年前，进化生物学家奈尔斯·埃尔德雷奇（Niles Eldredge，1943— ）写道：

---

❶ 140 多年来，英国《自然》一直刊登有关科学发现的文章。1869 年，杂志创刊的初衷是"将科学工作和科学发现的伟大成果公之于众，促进科学的发现在教育和日常生活中得到更普遍的认知"。如今，该杂志上大多刊载的高水平研究文章只有相关领域的科学家才能理解，这其实是为了推介科学成果，并不是为了对公众隐瞒知识。《自然》（以及我在本书中引用的其他科学杂志）是经过同行评审的出版物，这意味着科学家提交的文章在被批准发表之前，要经过同行评议，并获得审稿人对文章结果逻辑一致、方法充足及结论合理的认可。参见 R. 福尔摩斯（R.Holmes）所著《奇迹的时代》（The Age of Wonder）（纽约：Vintage Books 出版社，2009 年出版）p439；英国数学家查尔斯·巴贝奇（Charles Babbage，1791—1871）是早期一个支持同行评议这种科学自我修正机制的科学家。虽然该机制还不完美，但已然能够用于保持科学的高标准。此处可参见《自然》451:108 版的"传播信息"一文，可访问 http://www.nature.com/nature/journal/v451/n7175/full/451108b.html。

进化理论正在不断变化，与十年前相比，如今我们在进化理论上的基本共识要少得多。虽然一些同行渴望有一天能够出现一个公认的、简明的、优雅的进化理论，但是相对于现有理论的小修小补，大家更热衷于对理论更新的探索。这段时间关于进化生物学的争论热情无疑证实了如今的进化理论比以往任何时候都富有生命力。❶

　　尽管大众媒体时不时炒作，声称一些新发现"杀死"了进化论。但事实上，进化论依然生机勃勃，本书会告诉大家进化论为什么不可能被推翻。之前一期《国家地理杂志》的封面文章标题是"达尔文错了吗？"。虽然这个标题非常吸引眼球，但该文章认为达尔文关于进化的基本理论是正确的。❷

　　最初是查尔斯·达尔文（Charles Darwin，1804—1882）提

---

❶　参见 *What Darwin Began: Modern Darwinian and Non-Darwinian Perspectives on Evolution*，p113—117，奈尔斯·埃尔德雷奇所写："*Evolutionary Tempos and Modes: A Palaeontological Perspective*"。

❷　《卫报》刊登了一篇题为 "*Why Everything You've Been Told about Evolution Is Wrong*" 的文章。这篇文章并不是说你听到的关于进化论的一切都是错的，而是告诉我们，我们听到的并不是进化论故事的全部内容。这很正常，由于科学在不断地更新知识，所以从来就没有一个"完整的故事"。详细内容请参见：2010 年 3 月 19 日出版的《卫报》电子刊物，作者为奥利佛·伯克曼（Oliver Burkeman），题目为 "*Why Everything You've Been Told about Evolution Is Wrong*"，可访问 http://www.guardian.co.uk/science/2010/mar/19/evolution-darwin-natural-selection-genes-wrong。

出了我们如今理解的进化理论，他可能会犯一些错误，因为在他那个时代，基因还没有被人们认知。但是，他关于生物进化过程中的基本论断是正确的。在过去的150多年里，科学家们反反复复地对达尔文理论进行了细致的审查验证，他们寻遍了世界的每个角落，从海底沟壑到高山峻岭，试图找到证伪达尔文理论的证据。同时，他们也在实验室里验证达尔文的理论。在这期间，无数的理论被新发现的实验证据推翻，唯独达尔文的进化论生存了下来。

如果事情都很清楚，为什么代表科学的《自然》需要那么长时间才公开支持进化论？其原因可能有两点。

科学的发展是缓慢的

尽管每天都有很多科学家发现新的科学理论，但是一个科学理论从被发现到被大家公认需要一个漫长的过程。这个过程可能需要一个世纪或者一个半世纪，甚至更长。出生于达尔文去世后22年的伟大的生物学家恩斯特·迈尔（Ernst Mayr，1904—2005），倾其一生投身于"现代进化论"领域的研究工作。另一个生物学巨匠卡尔·乌斯，专注于生物的基本分类研究数十载。他描述了自己多年的工作日常：我每天早晨起床后，吃完早餐，走进实验室，把那些看似呆板的 X-rays 照片挂在墙上仔细查看，我必须打起精神完成这项工作，每日如此，日复一日，甚至年复一年。有时，在研究这些胶片数小时后，也便结束了一天的工作。然后回到家，对自己说："你今天再一次推翻了你

之前的想法。"就是这样的经历耗尽了我所有的精力。❶

这种情况持续了数十年，然而就是这样的情况使得人们对生命的起源和进化的理解达到了一个新的高度。讲究用证据说话的科学界总是慢慢推翻原有的基本理论（作为英国皇家学会座右铭的"*Nullius in Verba*"，常被理解为"不要盲从"）。❷

美国如何，世界就如何

《自然》是一本英国杂志，而且在英国对"进化论"的公开批评远没有在美国那么激烈。但《自然》为什么没有更早地宣称进化论是一个真相呢？那是因为在英国，进化论早已被人们接受。❸ 显而易见的事实，无须赘述。虽然达尔文进化论的一些细节内容从开始就备受争议，但是其基本观点很快就被英国和欧洲大陆其他国家和地区所接受。1859年11月，达尔文出版了《物种起源》一书，生物学家托马斯·亨利·赫胥黎在1863年就写道："进化论以外的所有其他理论都不值一提。"❹ 而这些其他理

---

❶ 参见 *microbiology.org* 上卡尔·乌斯（Carl Woese，1928—2012）主讲的纪录片视频《解谜》第二部分。可访问 http://www.microbeworld. org，然后点击"Video"。

❷ 英国皇家学会：英国科学院促进自然科学和应用科学的一个学会和资助机构，始建于1660年，位于伦敦。

❸ 我并不是说英国没有关于进化论的争论，也不是说没有美国科学家很早就接受了进化论。但是，在进化论这个话题上，甚至在其他一般的对话中，英国（以及整个欧洲）和美国之间都存在着一些具体的、文化上的差异。

❹ 参见 *Darwiniana: Essays by Thomas Henry Huxley*，第 II 卷，p467，托马斯·亨利·赫胥黎（Thomas Henry Huxley，1825—1895）著（伦敦：Macmillan 出版社，1863年出版）。

论（我们接下来会去甄别事实和理论）的"出局"并不单单是因为赫胥黎对达尔文个人的崇拜，而是因为每年世界各地那些想要替代达尔文进化论的其他理论研究，如胚胎学（研究出生前生命发育的学科）、古生物学（基于19世纪化石而研究古代生命形式的学科）和植物学（研究植物的学科）等，都得出同样一个结论，那就是达尔文是对的。

而在美国，达尔文进化论的境遇就大不相同了。他的理论历经十多年时间才被广泛接受。但到了20世纪20年代，当大多数美国科学家认为达尔文基本理论是正确的时候，一个强烈的反对观点出现了。有趣的是（显然也是出于自私的偏见），这个反对的声音并非来自任何科学研究的分支，不是经由生态学家（生态系统研究学者）或者鸟类学家（鸟类研究学者）列出一系列新的研究数据来反驳达尔文，而是来自一个完全不同的领域——宗教。

宗教通常不会触及诸如管道工程、飞机制造或歌曲创作这些与他们认知相差甚远的领域。为什么偏偏对生物学领域提出异议？这个问题的答案在很早之前就有了，但同样适用于今天，那就是对于所有宗教主义者（无论信仰何种宗教）来说，人类是一种特殊的造物，是上帝神圣意志的产物。但是达尔文进化论指出：人类实际上只是在过去几十亿年里出现在地球上的数以百万计生命形式中的一种。这两种认知在过去很长一段时间里都是矛盾的，早在20世纪40年代，即使时不时会受到"神"的干预，美国福音派科学协会已然改变了其早期对进化论否定的观念，承认进化的确是存在的。❶ 在那段时间，我们看到了进化科学家和福音派宗教信仰者和谐共存的状态。然而，从反对进化论的宗教教派成为美国主流宗教开始，这种状态再次被打破了。事实上，这些宗教组织并没有提供反驳进化论的新的理论数据，他们坚持圣经是真理无误，进化论不符合圣经的理论，所以它一定是错误的。❷ 如此的批判一直延续至今，他们又和《自然》在 2008 年宣称进化论是真相这一事件有什么关联呢？

归根结底，这和全球互联网的兴起有关。互联网和卫星通信的发展已经"缩小"了世界，这使得一个国家发生的事情会迅速影响到其他国家。在过去的十多年里，随着美国反进化论思潮的兴起，《自然》更有必要公开宣称进化论是科学事实。《自然》杂志编委曾就美国国家科学院发表的宣称进化论是科学真相的一篇立场论给予高度赞扬 ❸，但随后也发表社论称："神创论仍在美国盛行，同时据欧洲理事会议会相关数据显示，欧洲的情势

---

❶ 参见 *Darwinism Comes to America*，p3，R. L. 纳伯斯（R. L.Numbers）著（剑桥市：哈佛大学出版社，1998 年出版）。

❷ 为了避免基于宗教信仰而对进化论（或任何一门科学）的批判性"黑洞"话题，在这里向读者推荐两本书：一本是 *Evolution and Creationism*，尤金妮·斯科特（Eugenie Scott）著（伯克利：加利福尼亚大学出版社，2008 年出版），该书对这个问题进行了全面论述。第二本是《进化的十大神话》，笔者与查尔斯·沙利文（Charles Sullivan）合著（纽约阿默斯特：Prometheus Books 出版社，2006 年出版），书中记录了我们轻而易举地推翻了一些常见的宗教对进化论的否定评论。

❸ 参见华盛顿特区美国国家科学院于 2008 年出版的《科学、进化论和神创论》，可访问 http://www.nap.edu/catalog/11876.html。

也令人担忧。" **❶**

美国对世界的影响已经非常巨大（至少某些领域如此），反进化论常常与反科学本身联系在一起，这可能会导致人类的思维退回到中世纪的世界观。由此可见，帮助公众树立正确的世界观已经刻不容缓，《自然》必须公开确立进化论的科学地位，即进化论是科学存在的事实。

进化论的现实状态

前面提到的英国皇家学会的座右铭是"不要盲从"，或者可以理解为"勿轻信人言"，提示我们科学理论需要研究数据支持。如已故天文学家卡尔·萨根（Carl Sagan，1934—1996）所言，卓越的理论需要非凡的研究数据。这是科学理论的重要标志之一，它起源于文艺复兴时期的自由探究原则，一般与知识产生的科学方法有关。科学不畏惧权威！无论你多么博学或受过多么良好的教育，无论你和谁一起研究或认识谁，如果你的研究数据不能佐证你的理论观点，就没有人会相信你的理论。

在 20 世纪 80 年代，我们说：请给我真材实料；在 20 世纪 90 年代，我们说：请给我钱。而这句"不要盲从"我们已经说了超过 400 年。在约翰·弥尔顿的《失乐园》一书中，天使长米迦勒对亚当说："做一个谦卑的智者，只考虑你及你为什么存

---

❶ 参见华盛顿特区美国国家科学院于 2008 年出版的《科学、进化论和神创论》，可访问 http://www.nap.edu/catalog/11876.html。

在的事即可。"❶ 这与科学异曲同工。

因此，仅仅由《自然》或任何其他权威杂志声明进化是真相并不能使它成为一个毋庸置疑的真相（如果仅仅通过宣布就可以将某些理论变成事实，我们的宇宙就真的很奇怪了）。《自然》的声明只是告诉我们，科学界存在一个共识，即达尔文进化论确实发生了，这是一个真相。

为什么说这是个共识呢？简单来说，正如 1 900 年以前赫胥黎所指出的那样，多项研究证据都指向了同一个结论：达尔文是正确的。我们在未来会更加准确地看到进化论科学理论得到证实，但在当下，我们要牢记科学知识中用来验证理论的两个方面，至少在原则上是比较直观的。那就是用实验去驳倒一个理论和经由多个独立实验证伪一个理论。接下来我们将简要地看一下这两个方面，从而了解科学如何产生知识，包括事实。

假说，理论，真相

在科学研究中，如果你观察到一个现象，比如一支钢笔掉落在地板上，你可能首先会提出一个假说去解释这一现象。假说通常是你对事物之间关联性的认知体现。例如，对于钢笔掉落在地板上的现象，你的假说可能是"钢笔被地毯所吸引了"。

---

❶ 参见 *The Annotated Milton: Complete English Poems*，p374，B. 拉夫尔（B. Raffel）编著（纽约：Bantam 出版社，1999 年出版）。约翰·弥尔顿（John Milton，1608—1674）如此写道：亚当似乎很愉快地就答应了："亚当回答道，我消除了我的疑惑 / 你使我感到满足，纯洁的天意，安详的天使！/ 从错综复杂的生活中解脱出来 / 学会最简单的生活方式，不带任何复杂的想法……"

这听起来很荒谬，因为我们有大量相反的证据。同样，借助已公认的科学知识，古怪的假说很快会被推翻。但是如果对钢笔和地毯的性质一无所知，你就会认为这个假说很合理。即使这个假说没有被证实真伪，它也已经通过了你的初步判断，使你确信这不是一个荒谬的假说，然后你便步入下一个阶段，开始想办法去验证这个假说。

每一个假说，均是对事物之间关联性认知的一种陈述，通常都有验证的意义。无论假说正确与否，你都会希望这就是对你所观察到的现象的最好解释。如果你做了很多次将笔置于地毯上方然后释放，而钢笔也重复地落在地毯上的实验，你已不能从中得出更多的结论。如果你所做的实验都是为了证明一个你已经相信或已经反复得到验证的假说，想想这将会是多么奇怪的世界。科学决不能如此！对于科学研究来说，你需要通过一个个测试试图去推翻假说，从而完善你自己的假说。例如，我可以想出一个方法来试图推翻笔被地毯吸引的假说，那就是如果我站在木地板上，同时将地毯挂在墙上，拿着笔靠近墙上的地毯时放手，观察笔的落点，如果笔落在地板上，而不是地毯上，那么关于笔被地毯吸引的假说就是值得怀疑的。我们可以接着证伪这一假说，比如把地毯挂到天花板上，然后再做同样的实验，观察笔的落点。最终，你会发现钢笔并不总是向地毯移动，所以关于钢笔被地毯吸引的假说被彻底推翻。接着，你可能会修改你的假说为"在其他所有条件相同的情况下，质量较小的物体（如钢笔）会被质量较大的物体（如地球）吸引"。然后进一步设计新的实验来推翻这一新的假说，但是你最终会发现这些实验都不能推翻这一假说。随着时间的推移，你会慢慢确定新的假说就是对你看到的现象的准确解释，该假说的理论是成立的，你因此会把这一理论作为其他研究的基础。假说或想法总会被质疑和测试，当它承受住了这些，自然证明它是合理存在的，可以继续下一步了。

另一个验证假说的办法是其他研究者进行独立实验研究。这样做既避免了假说提出者主观的偏见，也可以通过其他科学家设计与假说提出者使用的不同的方法来验证这个假说理论。如果其他科学家用不同的方法得到同样的结论，或者是即便设计出了离经叛道的验证方法也不能推翻这个假说，那么大家就会接受这个假说。结果是，他们倾向于认为这个假说或想法已被证实。

已被证实的假说会被当作知识，当这些知识用于解释更广泛、更包罗万象的现象时，就被我们称为"学说"或"理论"。所以，正如上文提及的"小质量物体会被大质量物体所吸引"的假说，经由多项实验证实其正确无误，你便可以将这个假说和其他同类假说结合在一起形成一个更有力的理论工具，用于解释多种日常现象，我们将其称为"引力论"。事实上，引力论对事物之间相互作用的描述是非常准确的，它也可以用来做出非常精确的预测，比如，发射一架飞机，或者利用重力的作用向太阳系中"弹射"太空探测器。

同样，进化论之所以得名，是因为它能够解释很多我们看到的现象。而且，说进化论是事实，也是因为很多试图推翻它的实验最终都没能把它推翻。我们会在本书中看到这些案例。

我们常说惜字如金，但在这里，我们必须详细地阐述我们的观点。

首先，一个重要的问题是，在人类世界之外是否还存在着另外一个独立的世界？科学的答案是肯定的。比如土星，它远在人类诞生之前就已独立存在于宇宙中，即使人类灭绝了，土星仍然会围绕着太阳公转。人类并没有创造土星，我们只是发现了它的存在。其次，如果人类之外果真存在一个真实的世界，我们能否学习它并对它如何运作加以概括总结？同样，答案还是肯定的。正如飞机能飞并不是因为某种超自然的力量，而是因为我们已经学会制造帮助飞机起飞的机翼。我们把学到的东西称为假说、理论、真相还是定律，这些都不重要，重要的是，我们通过学习认识了我们赖以生存的宇宙，其中也包括生物的宇宙。

就进化论而言，进化论普遍认为生物的特征会随着时间而改变，从鱼类学（研究鱼类的学科）到真菌学（研究真菌的学科），生命科学各个分支的研究都为这一理论提供了证据（至今没有被推翻）。此外，一些在达尔文时代几乎无法想象的新研究也各自得出了同样的结论。全新的基因组学研究领域，通过分析不同生物分子的特征，在全世界各地的实验室里，每天都有成千上万次的实验结果证明达尔文是对的。比如，在纽约研究基因序列的分子生物学家、在澳洲研究袋鼠交配行为的生物学家，尽管他们彼此之间没有任何联系，但他们的研究结果都得出了同一个结论：达尔文是对的。这些分子数据确实是令人信服的证据，因为它直接证实了所有其他数据源的结论：达尔文是对的。如果达尔文的这个非常简单的假说是一场骗局，那么成千上万名研究者很快就会将其戳穿。

最后，也是至关重要的一点，科学家同样拥有七情六欲，也同样渴望得到名誉和声望。如果推翻达尔文进化论易如反掌（即使可能花费整个职业生涯），那么世界上各个领域的科学家都会为了诺贝尔奖，以及随之而来的国际地位和财富而"趋之若鹜"。为什么诺贝尔奖会颁给推翻进化论的人呢？因为科学认知是可能出现错误且接受修正的。这与宗教理论形成鲜明的对比，挑战公认的科学理论如果最终成功，那么这些科学家会获得至高无上的荣誉，因为是他们告诉了大众什么才是真正的真理。与此截然不同的是，宗教的异教徒必然会受到惩罚，因为他们被认为偏离了存在于亘古未变的圣经中的所谓的真理，这些真理完整且确凿无疑。

然而，进化论的证据已产生了很长一段时间，也接受了严谨而细致的审查验证。这些证据包括来源于东非出土的古化石和在密歇根州某实验室中观察到的飞行基因。同时，进化的过程也在自然世界的每一天上演。最终，没有人能够推翻进化论。这些就是科学界认为进化是真理的原因。

尽管受宗教主义者的影响，但令人欣慰的是，关于进化论真实性的诸多著述最近在美国得以广泛传播。美国科学促进协会声明："生物进化论不仅仅是一个理论，它更是对宇宙真相的真实解释，就像物质的原子理论或疾病的微生物理论一样。我们对地心引力理论的深入理解仍在进行中，但是地心引力的现

象，就像进化一样，是被接受的事实。"❶

此外，在《科学、进化论和神创论》中，美国国家科学院写道："这本手册面向的是更广泛的读者群，既包括高校学生，也包括那些有意学习的青年读者，帮助他们更加熟悉进化论的多项证据，并理解为什么说进化论是解释地球上生物多样性的过程和真相。"❷

为什么进化论仍然不被相信或理解？

进化论显然是所有生物学的组织原则。那么，为什么只有一半的美国人相信它是事实呢？答案很简单。

首先，一些有影响力的宗教组织继续反对进化论。他们的批评是如此的狭隘和自私，因为他们仅抨击进化论科学中人类起源这一点。然而，正是基于观察、逻辑、推理和实验所产生的知识体系，引导人类进化，引导人类走向飞机、计算机、医药工程及其他每一个人类的现代文明创新。此外，宗教主义者想要维持人类的特殊性，维护人类宇宙中心的地位。但是天文学已经向我们揭示了我们并非处在宇宙的中心，甚至连太阳系的中心都不是。我们仅是围绕着太阳公转，而太阳只不过是数十亿颗恒星之一。同时，生物学研究显示人类在很多方面确实

---

❶ 参考内容可访问 http://www.aaas.org/news/press_room/evolution/qanda.shtml。美国科学促进协会成立于 1848 年，是一个"致力于在全球范围内推动科学发展的非营利性国际科技组织"，官方网址：http://www.aaas.org/aboutaaas/。

❷ 参见华盛顿特区美国国家科学院于 2008 年出版的《科学、进化论和神创论》，可访问 http://www.nap.edu/catalog/11876.html。

是独一无二的，但人类并不是进化的终点和顶峰，也不是所有生物都"试图"进化成的某种生命形态。每一种生物都有自己的轨迹，我们只是芸芸众生之一。

其次，进化论仍然被广泛地称作一个"理论"，但它是一个可以解释自然现象的理论，也是一个确实发生的真相。正如笔者要通过本书向大家阐述的，它确实是发生了。但是，只要我们把它称为一种理论，它就会继续被误解，因为人们普遍把"理论"这个词误解为一种未经证实的猜测。正因为如此，才有了这一章开篇提到的《自然》刊登的社论和本书的书名。

第三，人类之所以被称为人类而独一无二，是因为我们拥有发明和创造的能力。两百万年以来，人类通过创造和发明而繁衍生存至今。然而，那种自然世界仅仅来自造物主的神迹，而不是源于自然演化过程的观点却早已在各种文化和语言中根深蒂固。

在最近接受《发现》采访时，进化生物学家肖恩·卡罗尔这样总结道：

> 这是一个文化问题，而不是科学问题。在科学方面，我们对进化论的信心每年都在增长，因为我们持续看到独立研究的实验证据积聚。我们从化石记录中获得的结论逐渐被 DNA 记录证实，又被胚胎学研究证实。但人们从小就被培养成进化论的否定者，而且自认为持有比进化论更宝贵的观点。与此同时，我们利用 DNA 技术来给犯罪嫌疑人定罪或洗脱罪名，以及确

定亲子关系。临床中利用 DNA 技术来评估疾病风险，甚至作为癌症等疾病的诊断依据。DNA 科学紧密联系着我们日常的生活，但在理解进化论的时候，我们却似乎不愿意相信它了。陪审团愿意根据 DNA 中的基因变异判处人类死刑，但他们不愿意去理解这种变异产生的原因，也不愿意理解造成人类与其他事物不同的原因。这是一种无知的表现。不过我认为终究会熬过这个阶段。在很多国家已经广泛接受 DNA 科学的同时，我不知道其他国家需要多少年或几个世纪。❶

人类是宇宙的中心、是有目的性产生的思想与人类是自然进化产物的思想之间存在着巨大鸿沟。关于这两种思想对宇宙的一些认知的区别整理如表 1 所示。

进化是增殖、变异和自然选择的结果

大众媒体和教科书都告诉我们进化论无所不能。进化可以产生新的物种；进化导致部分物种灭绝；进化使得动植物的特征随着时间改变。这些说法使得"进化"这个词的用法得到了充分延伸，但也引起了最坏的误导，那就是把进化论理念塑造成了一个名词，一个能制造或毁灭的机器。在本书中，笔者通篇的目标就是消除这些把"进化"具体化的错误观念。当进化发生

---

❶ 参见《发现》2009 年 3 月刊登的文章 *"DNA Agrees with All the Other Science: Darwin Was Right"*，可访问 http://discovermagazine.com/2009/mar/19-dna-agrees-with-all-the-other-science-darwin-was-right。

表1　古代和现代认知宇宙的主要区别

领域或内容	古代	现代
宇宙的本质	静态的／不变的	动态的／可变的
人类在宇宙中位置	中心	众生之一
生命形态的结构	为特殊目的而设计的	自然选择的结果
宇宙和地球的年龄	近代（短期）	古代（长期）
生命的必要性	重要的／超自然的	基本的／自然的
人类认知的构成	圣经和常识即为全部的知识，"做卑微的智者"	不完整；常识不可信；需要事实证明；"不要盲从"
认知产生的过程	不变经典的重新分析	观察和实验持续产生并积累新的认知
对新认知提出者的认可度	强烈；等级制度森严	微弱；要求明确的证据

的时候，在某种程度上并没有具体的"什么"在那里，也没有名为"进化"或者大写字母 E 的事物在那里。

进化不是推动任何物体属性的驱动力，而仅仅是自然世界三个事实的结果。这些事实相互独立存在，即它们之间没有任何设计或合作。事实上，正如我们将看到的，它们也不能设计或合作。它们只是简简单单地发生，然后所产生的结果累积进而发生我们所谓的进化。

再一次重复笔者在引言中提及的，产生进化的三个自然事实包括：

1. 父母产生子代的事实，即为增殖。

2. 子代之间不完全相同的事实，即为变异。

3. 与其他子代相比，某些子代个体能够把更多的基因传承给他们下一代的事实，即为自然选择。

进化不是一个具体的事物，它是这三个我们可观察到的事实的结果。同时，正因为进化是这三个事实的合理结果，所以它不再受到争议。进化不只是恰好发生，而是必须发生。

让我们一起看看这是为什么。

第二章　增殖的真相

很多原子以多种多样的方式，在宇宙上下无休止地相互瞎碰乱撞，改变了位置，尝试过种种运动、种种结合，最终，它们进入我们这个世界创造所依据的那种格局。

——卢克莱修：《物性论》❶

---

❶　参见 *On the Nature of the Universe*，p133，原作者卢克莱修（Lucretius），R.E. 拉萨姆（R. E. Latham）译成英文版（伦敦：企鹅出版社，1982 年出版）。

我们首先以一个问题开始，不过这个问题的答案简单到你无法想象。本书中所表达的观点就是"进化其实非常简单"。这个简单的问题就是生命是从哪里来的。

所有这些诸如橡树、企鹅或其他的生命体都是凭空出现的吗？显然不是。就像历史上（或史前）的每一个农民或牧羊人一样，所有生命都来自其父母，无论父母是谁。事实上，父母产生子代是进化过程中的第一个真相，即增殖的真相。如果有人不接受这是产生进化的第一个简单过程，那我将无话可说了。我们每天都能看到增殖现象发生。生命都来自其父母。

其实，我们能够看到更多现象，不仅生命来自父母，而且子代像极了他们的父母。这不仅体现在外观上，更体现在分子水平上，子代几乎就是父母的复制品。例如，一只乌龟更像它的龟父母，而不像其他生物——比如，一棵苹果树。这就是真相。但为什么会这样呢？为什么大象不能生出鱼？直觉上的答案是，生物有不同的种类，每种生物只产生自身种类的子代。本书将在之后章节深入探讨这个自然问题：为什么会有这么多种生物？这里我们先理解一下为什么每个生物看起来都那么像它们的父母。简单地说，它们都来自它们的父母，但是增殖到底是怎么发生的，这是复杂而迷人的问题，甚至是接近生命定义的核心问题。我们只需理解增殖就能够理解进化，所以我们首先从理解增殖开始。

生命、自我增殖和 DNA 分子的起源

古生物进化是个非常有趣的研究课题。为了研究生命的进化，我们必须首先定义生命，而被迫定义自身的根源经常是一个迷人

而有启发性的锻炼。生命是什么？不同的生物学家、天体生物学家，甚至哲学家会给出多种不同的答案。总体来说，我认为最好的答案来自生物学家伊莱·C.明科夫和天体生物学家科帕·鲁伊兹－米拉佐、朱莉·佩雷托及阿尔瓦罗·莫雷诺。综合这些科学家和其他一些专家给出的定义，生命具有以下特点：

1. 新陈代谢。能够从外界物质中摄取或吸收能量，即摄入物质和排出废物。

2. 运动。可以转化机体能量为动力（不一定是从一个地方移动到另一个地方，但都会以某种方式移动）。

3. 感应性。如能够感知触感或闻到化学气味。

4. 拥有保护层（例如，细胞壁）。抵御外界的致命伤害。

5. 生长。通过新陈代谢的作用不断改变大小和/或形态。

6. 共生。与其他生命体共存于一个群落或生态系统中。

7. 增殖。以亲本利用和传递生命信息到子代的方式繁衍。❶

---

❶ 参见论文 *A Universal Definition of Life: Autonomy and Open-Ended Evolution*，发表于 *Origins of Life and Evolution of the Biosphere* 杂志，2004 年第 34 期，p323—346，作者：科帕·鲁伊兹－米拉佐（Kepa Ruiz-Mirazo）、朱莉·佩雷托（Juli Pereto）和阿尔瓦罗·莫雷诺（Alvaro Moreno）。另参见 *Evolutionary Biology*，伊莱·C.明科夫（Eli C.Minkoff）著（马萨诸塞州雷丁：Addison-Wesley 出版社，1983 年出版）。

最后一点，增殖是本章的真正内容。当然，增殖也是生物学的重要内容，无可厚非，因为这就是生命本身的定义。生命繁殖，即生命发生增殖。

同时也要注意，生命以从一代（亲本）传递信息到下一代（子代）的方式增殖，虽然自然界中一些事物似乎也在自我增殖，但生命的增殖方式完全不同，因为生命的增殖过程由信息指导完成。

既然信息对于生命的定义如此重要，那我们就必须给信息下个定义。直观上说，信息就是代表或特指宇宙中某一个特别的事物或事物的状态。❶ 例如，白噪声，即海滩上海浪的撞击声，就不含任何可识别的信息。其中没有能够系统、明确地以我们可以识别的方式指代宇宙中其他事物的东西。但如果人类将电信号（例如莫尔斯电码信号）脉冲引入白噪声中，而且获取者能够读取这些脉冲（莫尔斯电码），那么我们就引入了信息，即白噪声中特别的存在（如"SOS"）。另一个理解信息的方式是它总是代表某一事物，不是任何别的事物，而是一个非常特别的事物。当我们在黑板上用粉笔写下"2"时，这些粉笔的微粒就不再存在于粉笔棒里，也不是随机分布在宇宙中，而是被组装成了人类已有的文化认识里的形状，用来表示数量"2"，不多也不少。在这个过程中，我们移动粉笔棒中的一些微粒形成了一个完全特别的事物（即数量"2"），而不是粉笔微粒可能形成的其

---

❶ 伯顿·格特曼（B. Guttman）等人这样说："信息是当你从一系列可能性中指定一件事情时所得到的东西。"原文参见 *Genetics: A Beginner's Guide*，p47，伯顿·格特曼等著（牛津：Oneworld 出版社，1982 年出版）。

他事物，由此信息就已生成。

　　显而易见，信息是生命体及其增殖重要的特质。一个例子可以说明这与非生命有多大的不同。假设一块巨石从山上滚下来，停在一条小溪中间，我们可以说："小溪在巨石处'分裂'，以一种非常天然的方式在巨石的左右'增殖'。"这样就会有两条有几分相似的小溪，分别流淌在巨石的两侧，而之前这里仅是一条小溪。让我们来比较一下这个自然现象（一条小溪）的"增殖"和另一个增殖，即一粒橡子长成一棵橡树。对于橡子来说，像极了亲代（橡树）的增殖是由 DNA 构建的，这个 DNA 携带了大量详尽的信息来指导这个增殖过程。这两种增殖的方式是非常不同的，因为小溪的"自我增殖"仅仅是因为石头的不透水性和控制小溪水流的流体动力学。没有具体的信息参与这一增殖过程，无论其中的巨石还是分流都不指代宇宙中其他具体的事物。换句话说，没有任何信息参与构造巨石和小溪之间的关系。但当一个生命体增殖时（如橡子长成橡树），子代看起来非常像亲本是因为信息以一种非常特定的方式指导增殖的进行（不光是地心引力的作用，如水流经过石头流向下坡的方向）。

　　在宇宙中，我们在哪里可以看到含有信息内容的自我增殖事物呢？一段时间以来，化学家们已经发现很难确定生命体增殖子和非生命体增殖子之间的区别。尽管自我催化的化学反应现象，即自身产物加快和促进的化学反应，被视为生命起源的前身。但在最近一篇增殖子与进化关系的综述中，匈牙利理论生物学家伊什特万·扎哈尔和厄尔什·绍特马里强调增殖子富含大量信息是生命的显著特征。在自然界的增殖子中，信息含量从低到高为一个谱，作者们以面包屑从一片面包上掉落开始他们的叙述。面包的增殖是一个天然的方式，但是这些面包屑的产生并没有携带分离的信息（如同前面所讲的巨石与小溪的例子）。尽管面包屑可能彼此相似，也可能与面包片表层相似，但是它们与整片面包没有相似之处，而且也很少或没有信息指导这些面包屑产生。在稍高一点儿的谱中，自我催化的化学反应具有一些信息含量，但非常简单。沿着这个谱，我们可以看到富含复杂编码信息的自我增殖 DNA 分子，这也是地球上所有生命体的基础。❶

所有这一切促使科学家们提出了一类特殊的增殖子，即"自我增殖子"，以富含信息内容为特征。为了更清楚地定义成功的自我增殖子，进化论者理查德·道金斯罗列了它们的特点：存在时间长，可以自我复制（长效）；可以大量自我复制（高繁殖力）；复本也具有很强的自我复制能力（高保真度）。❷ 具有这些特点的自我增殖子理论上可以无限复制，而且尽管它们可能只有分子大小（小而紧密结合在一起的原子），但是它们有着与其他非自我增殖子不同的潜力和宿命。充满活力的高保真自我增

❶ 参见论文 *A New Replicator: A Theoretical Framework for Analysing Replication*，发表于 *BioMed Central Biology* 杂志，2010 年第 8 卷第 21 期，p1—26，作者：伊什特万·扎哈尔（István Zachar）和厄尔什·绍特马里。可访问 http://www.biomedcentral.com/1741–7007/8/21（特别留意文中图 13）。

❷ 更多的"增殖子"相关内容请参见 *The Extended Phenotype: The Gene as the Unit of Selection*，理查德·道金斯著（旧金山：W.H. Freeman 出版社，1982 年出版）；以及 *Evolution: From Molecules to Men*，p403—425 中 *"Universal Darwinism"* 部分，D. S. 本多尔（D. S. Bendall）编著（剑桥：剑桥大学出版社，1983 年出版）。

殖子是地球上所有生命的基础。迄今为止，人类只发现了几种自我增殖子，最常见的是 DNA。❶

　　DNA 是高富含信息的自我增殖子，在适宜的化学反应体系中，它会自我复制。人类在半个世纪以前才开始探究 DNA 自我复制的机制。我们都听过 DNA，也知道它与生命增殖相关。但是它到底是什么，既令人瞠目结舌，又具有看似自相矛盾的极其简单又极其复杂的特性，我们最好的办法是看看它是如何被发现的。

发现 DNA：寻找遗传分子

　　5 000 多年前，一个东亚人偶然从树上摘下一种野生的柑橘类水果，觉得味道鲜美，便把这个水果的种子埋在土里。❷ 不出意外，那粒种子最终长成了一棵树，这也是数千年来人们都知道会发生的事情。但是那个人，我敢肯定，会像我们所有人一样，在某个时候一定在想："一粒种子怎么就会长成一棵大树呢?"

　　人类思考这个问题已经 10 000 多年了。也是从那时起，世界各地的人开始播种植物和饲养动物来充当食物，不再单纯依靠

---

❶　其他的自我增殖子也与 DNA 或是实验室内人工合成的可以自我增殖的分子相关。实例可访问 doi:10.1126/science.1167856，参考 *"Artificial Molecule Evolves in Lab"* 部分内容。

❷　柑橘类水果首次被人类培育的准确时间和地点不详，但大约是在 5 000 多年前的东亚某地。参见 *Food in Antiquity: A Survey of the Diet of Early Peoples*，p51，D. 布罗特韦尔（D. Brothwell）和 P. 布罗特韦尔（P. Brothwell）合著（巴尔的摩：约翰霍普金斯大学出版社，1969 年出版）。相信在不久的将来，新的分子技术将明确许多物种早期驯化或培育的时间和地点。

采摘和狩猎。❶ 此后，农民密切关注各种植物和动物的特性，选择性地育种。正因为如此，今天世界上才有了成千上万为我们所用的植物和动物。❷ 例如，我们常常看到野生植物的果实比市场里的小很多，那是因为几千年来农民一直偏爱巨型果实。野生橘子的直径通常小于 5cm，大约仅是农民培育的"巨型"橘子的一半大小。早期的农民很容易就能做到这一点，他们只需要把大橘子的种子随意地种在土地里，随着时间推移，就会结出更大的橘子。显然，这些农民知道种子本身的潜能。但是，这么一颗小小的种子怎么能长成一棵橘子树呢？常识只能提示我们这些：

1. 这粒种子来自一个橘子。
2. 这个橘子来自一棵橘子树。
3. 种下这粒种子，你就会收获一棵结出橘子和种子的橘子树。

我们又回到了起点。一粒种子怎么会长成未来的橘子树呢？

---

❶ 然而，要注意错误的"通用"印象，即 10 000 年前，世界上的每个人都从狩猎和采摘"转变"为耕作。事实上，许多人仍旧以觅食为生，例如，阿拉斯加人和加拿大因纽特人继续以狩猎维持生计，而东非的马赛人已经在依靠饲养家畜作为日常衣食。我目前正在写一本关于古代世界常识的书。

❷ 有人认为，这样有选择地育种——人们挑选某些动物或植物个体去配种繁育，而吃掉其他动物或植物个体，是基因工程的最早形式。技术上如此，但是现代基因工程培育植物和驯化动物的方法与之大不相同。现代基因工程技术实际上是改变这些生物的 DNA，而不是利用自然产生的植物和动物。随着本书的展开，这种做法的利弊会变得显而易见。

除了成为一个创意象征的思想宝库，这个"为什么会这样"的遗传问题已经成为人类世代想探究清楚的目标。❶

我们首先梳理一下西方文明史上遗传发育学的发展简史。希腊人很早就对遗传发育问题发表了深刻而有见地的观点，早在 2 300 多年前，亚里士多德（Aristotle，前 384—前 322）就指出孩子与父母之间存在很大的相似性，并推测男性和女性在生殖过程中是有"实质"结合的。接着，一些追随古希腊人的罗马人基本同意了这种观点，但是他们的世界仅是征用而不做深入思考，所以随着罗马帝国的瓦解（约 500 年），这些推断便销声匿迹于那个黑暗时代（即中世纪时期）。在此期间，只有古希腊人的一些遗传知识碎片被保存下来。亚历山大图书馆经历了多次摧毁、重建、修复和再摧毁。亚里士多德也几乎被遗忘了，迷信取代了知识。❷ 妇女也不再被认为在子代繁育中发挥作用，

---

❶ "遗传"（*heredity*）一词来源于拉丁语，意为"成为继承人的条件"。自 1903 年以来，《遗传学杂志》（*Journal of Heredity*）刊登了很多关于"生物遗传学：即植物和动物物种的基因作用、调控和传承，包括植物学、细胞遗传和进化论、动物学、分子和发育生物学的遗传因素"方面的科学文章。可访问 http://jhere.oxfordjournals.org。值得一提的是，在 1905 年以前，遗传与其说是一个科学问题，不如说是一个农民播种植物和饲养动物的问题。

❷ 更多关于中世纪的盛世概况，参见 *A Distant Mirror: The Calamitous Fourteenth Century*，B. 塔奇曼（B. Tuchman）著（纽约：Ballantine 出版社，1987 年出版）。更多有关爱尔兰修道士如何保存许多古代知识的内容，参见"历史系列丛书"第 1 卷：*How the Irish Saved Civilization*，T. 卡希尔（T. Cahill）著（纽约：Anchor Books 出版社，1996 年出版）。

她们只是子代的孵化箱。[1]

同时，在整个后罗马时期，种子的能力被解释为超自然力的产物。基督教教徒认为是上帝创造了它，正如上帝创造很多其他事物一样，所以如此写道："神说，让地上的种子长出青草、结种子的蔬菜和结果子的果树，然后就长了（创世纪 1：p11、12）。"像以往一样，这样的声明"无可厚非"。

直到文艺复兴时期（大约始于罗马帝国覆灭的 1 000 年后），才有除了异教徒以外的人关注这一问题。

微型人和泛生粒

在很长一段时间里，纯实验室研究理论认为：种子里都含有其预长成生物的微型体。特别是随着微观研究技术的进步（如显微镜的发明），荷兰自然学者尼古拉斯·哈特索克在 1694 年提出：每个与人类繁衍相关的精子细胞都含有成形的"微型人"，其在女性子宫中孵化长大到出生。[2] 当然，这会带来一个问题，

---

[1]　参见 *The Ovary and Eve: Egg and Sperm and Preformation*，C. 平托 – 科雷亚（C. Pinto-Correia）著（芝加哥：芝加哥大学出版社，1998 年出版）。更详尽内容参见 *The Renaissance Notion of Women: A Study in the Fortunes of Scholasticism and Medical Science in European Intellectual Life*，I. 麦克莱恩（I.Maclean）著（剑桥：剑桥大学出版社，1980 年出版）。

[2]　参见 *The Ovary and Eve: Egg and Sperm and Preformation*。值得注意的是，无论是尼古拉斯·哈特索克（Nicholas Hartsoeker，1656—1725）还是与他同时代的"显微镜之父"安东尼·凡·列文虎克（Antony van Leeuwenhoek，1632—1723），都没有说过曾看到过这些微型人。C. 平托 – 科雷亚展示的其与"侏儒"（*homunculus*，微型人）术语的联系，以及与之相关的过度简化，并不是哈特索克或列文虎克造成的，而是后来的作者为了贬低这个概念而将其与他们的名字联系起来的。

那就是微型人是从哪里来的？今天我们都知道，每个人都来自一个卵子与一个精子结合而形成的受精卵。这个受精卵细胞能够分裂增殖，进而逐渐分化发育成人体的各个组织器官，从肺到头发，再到眼睛等，直到形成完整的个体。

但是，从 19 世纪初到达尔文时代（19 世纪 20—80 年代，达尔文于 1859 年 11 月出版了《物种起源》），人类才逐渐了解这些。达尔文自己也想知道父母的特征是如何遗传给后代的。为了解释这一点，他提出了"泛生论"，认为人体的每个器官（如头发、眼睛、肺等）都会产生"泛生粒"。[1] 这些泛生粒通过血管进入精子和卵子，然后组合形成子代的机体。

为了验证达尔文的这一学说，其表弟弗兰西斯·高尔顿进行了很多次实验，将黑兔子的血液注入白兔子，他认为如果泛生论是正确的，那么来自黑兔子的泛生粒就会出现在白兔子的子代中。但是结果显示：白兔子的子代并没有长出较黑的皮毛。为此，在 1871 年，高尔顿写道："纯粹而简单的泛生论学说是不正确的。"[2] 至此，高尔顿并没有确定遗传的

---

[1] 参见论文 *Darwin and Heredity: The Evolution of His Hypothesis of Pangenesis*，发表于 *Journal of the History of Medicine and Allied Sciences* 杂志，1969 年第 24 卷第 4 期，p375—411，作者：G. L. 盖森（G. L. Geison）。1867 年，在写给托马斯·亨利·赫胥黎的信中，达尔文努力寻找一个词来表达这样一个事实，即细胞可以"释放其内涵的一个微粒"，他建议使用 *"gemmule"*。

[2] 参见论文 *Experiments in Pangenesis, by Breeding from Rabbits of a Pure Variety, IntoWhose Circulation Blood Taken from Other Varieties Had Previously Been Transfused*，发表于 *Proceedings of the Royal Society* 杂志，1871 年第 19 期，p393—410，作者：弗兰西斯·高尔顿（Francis Galton，1822—1911）。

机制，但是他排除了血液中传输"泛生粒"的学说。在普罗大众眼里，这不是一个引人注目的实验结果，但在科学研究中，能够证明一个学说是错误的实验结果是非常有价值的。有了这个结果，科学家就可以说，我再也不会考虑那个学说了。正如我们在第一章中所理解的，一个学说只是对若干个观察结果的一个连贯、合乎逻辑的解释。如果一个学说被证明是错误的，科学家会继续研究证实下一个学说。尽管提出者也许会感觉沮丧，但没有人会因此被解雇，只是科学在向前迈进。

高尔顿等人的实验稀化了时下关于遗传机制的学说"森林"。直到达尔文去世（1882 年）以后，遗传发生的真正机制才被发现。达尔文没有解释清楚泛生粒（或者被我们称作遗传单位）的真实本质，但情有可原。事实上，遗传物质的真实结构和性质在他生命的最后阶段才被发现，所以我猜想是因为新发现的不确定性把问题复杂化了。无论是哪种情形，我们都坚信达尔文不需要遗传发生的细节来理解进化的本质，他只需要知道增殖是引起进化的核心过程之一即可。显然，达尔文是明白这一点的。就为什么达尔文没有发现遗传法则，生物学家J.C.霍华德解释道："达尔文曾断言'没有哪个饲养员怀疑强大的遗传倾向，类生类是他们的认知基础'。同时，达尔文也总结了他的观点'也许看待遗传法则的正确方法就是把各种性状的遗传视为规则，把非遗传视为异常'。因此，在某种意义上，一个性状的遗传能力就可以被作为自然选择进化论的一般

性阐述。" **❶**

　　尽管如此，在达尔文生活的时代，显微镜技术的发展为生物学家提供了更敏锐的"眼睛"，逐步引导他们探究遗传因子。到了 19 世纪 30 年代早期，产生子代的真实现象——细胞分裂已经被观察和记录下来，但人们还没有准确了解这个过程的实质。到 1845 年，人们已经认识到，所有的生命体不仅仅是由"活的东西"（头发、肌肉等）构成的，更是由各种类型的细胞（肝、肺、头发细胞等）构成的。其中一类特殊的细胞即生殖细胞（雄性精子和雌性卵子），在达尔文去世前一段时间，生物学家经过仔细研究精子和卵子的内部活动，清晰地看到增殖过程中生殖细胞内究竟发生了什么。他们意外地发现：无论是精子还是卵子中都没有所谓的微型人或其他任何生命体的微缩体。更令人震惊的是，他们发现这些生殖细胞中仅仅含有看起来像细线一样的东西，一些未知物质组成的微小链。

染色体和摩尔根博士的果蝇室

　　1882 年，多才多艺的解剖学家、教师、插画家及蝾螈胚胎的狂热研究者华尔瑟·弗莱明出版了《细胞质、细胞核和细胞分裂》。在该书中，他描述了细胞分裂时细胞核内线状物质的变化情况。尽管不确定这些线状物质的功能，但弗莱明觉得这对遗传很重要。他把这些"核线"称为染色质（因为它们是在染色或

---

❶　参 见 论 文 *Why Didn't Darwin Discover Mendel's Laws*，发 表 于 *Journal of Biology* 杂志，2009 年第 8 卷第 15 期。可访问 doi:10.1186/jbiol123（原文用斜体字刊登）。

镀铬时出现的物质）。弗莱明所观察和描述的正是后来被称为染色体、栖居于细胞里的 DNA 螺旋体，它们指导着机体每个组织的形成，从肌肉组织到我们的子代个体。**❶**

1898 年，德国生物学家特奥多尔·博韦里（Theodor Boveri，1862—1915）提出：对于遗传来说，弗莱明发现的染色体不仅仅重要，而且具有决定性。博韦里观察到，几乎每个成年海胆细胞中都含有 44 条"核线"，但每个生殖细胞（即雄性海胆的精子或雌性海胆的卵子）只含有 22 条核线。当受精时，两者的核线就结合在一起，这样子代就拥有了全部的 44 条核线，这证明了染色体与生殖密切相关。其实，在博韦里提出这些的几年前，瑞士生物化学家弗雷德里希·米歇尔（Freidrich Miescher，1844—1895）就曾写道："遗传确保了生命形式的连续性，而这不是简单地依赖于化学分子，而是依赖于一个原子群结构的物质。从这个意义上说，我是化学遗传理论的支持者。"**❷**

正当博韦里、弗莱明和米歇尔着眼于遗传物质之时，一些生物学家重新发现了捷克斯洛伐克的格雷戈尔·孟德尔（Gregor Mendel，1822—1884）神父之前被埋没的实验结果。多年以前，孟德尔就发表了一项看似令人乏味的实验观察结果。在论文中

---

❶ 对华尔瑟·弗莱明（Walther Flemming，1843—1905）研究工作的完整总结和详尽说明，请参见论文 *Walther Flemming: Pioneer of Mitosis Research*，发表于 *Nature ReviewsMolecular Cell Biology* 杂志，2001 年第 2 卷，p72—75，作者：N. 帕韦勒茨（N. Paweletz）。

❷ 参见 *DNA: The Secret of Life*，p88，詹姆斯·D. 沃森（James D. Watson，1928—）和 A. 贝里（A. Berry）合著（纽约：Alfred A. Knopf 出版社，2003 年出版）。

他提到某些植物的性状，如豌豆表面要么光滑，要么皱褶，两种表型不会同时出现在一个植株上。数千次的实验结果都显示这些性状是由亲本独立遗传给子代的。高的豌豆植株与矮的豌豆植株杂交产生的子代植株不会是中等高度，而是要么高，要么矮。

这个结果至关重要，就像高尔顿推翻泛生说一样，孟德尔推翻了人们普遍相信的融合遗传理论，该理论认为两亲代的性状在杂交后代中融合而产生新的性状。孟德尔通过实验证明亲代的性状是独立遗传给后代的，仔细观察子代的特征就能够推翻出现融合体子代的错误结论。❶

生物学家们在孟德尔发表论文几十年后才发现这一事实，孟德尔也证明了生命体的遗传本质不是流体的，也不是模糊的，而是一种物质或是某种颗粒。这就很清楚了，也许弗莱明发现的染色体就是遗传的颗粒物质。

时间来到 1900 年。此时，融合遗传已被否定，泛生说也已被否定，人类已经发现了染色体，并且将其视为亲代遗传给子代的主要物质，其中附着在细胞核中的丝线物质极有可能就是染色体。至此，生命科学取得了划时代的发展，许多生物学家把目光转向弗莱明的"核线"，即染色体上。

1904—1928 年，出生于美国肯塔基州的生物学家托马斯·亨特·摩尔根（Thomas H. Morgan，1866—1945）对大量果蝇的染

---

❶ 有时，子代身上似乎出现了两种性状的"融合"性状表型，但实际上这是一种已经变异的表型，并不是两种性状的融合，这种情况不经常出现。因此，这类性状被称为隐性性状。

色体进行了深入研究,他的位于哥伦比亚大学的实验室也因此被称为"果蝇室"。之所以选择果蝇,是因为果蝇廉价、容易照料且繁殖快,这样便于摩尔根通过多次反复分析染色体是如何参与遗传的(事实上,摩尔根是大规模使用果蝇来研究遗传学的先驱之一❶)。尽管实验室里难闻的异味遭到其他同事集体抱怨(想象一下成千上万只果蝇吃香蕉泥的情形),摩尔根和他的学生们仍然坚持着做了大量的研究工作,获悉了大量关于染色体的知识。他们因此确定了一个物种的遗传性状是由它的染色体丝线决定的,同时,对与果蝇特定器官生长发育相关的染色体的特定片段进行了命名,如染色体某片段为"发光的眼睛",另一片段为"卷曲的翅膀"等。他们制作的第一张"染色体图谱"发表于 1913 年,在这张图上标示出了在某些染色体上控制果蝇某些性状的位置。

摩尔根的研究成果具有重大意义,为此,1933 年的诺贝尔生理学或医学奖授予了他。摩尔根没有出席颁奖典礼(尽管他很富有,但他却出了名的邋遢,有时还被误认为是看门人),生物学家福克尔·汉森替他领奖时,说道:

摩尔根学派的研究结果是胆大的、令人震惊的,

---

❶ 前美国副总统候选人萨拉·佩林(Sarah Palin)曾嘲讽道:"科学研究与公众利益几乎甚至完全没有关系,比如法国巴黎的果蝇研究,我不是在开玩笑。"(发言记录可访问 http://www.npr.org/templates/story/story.php?storyId=113870272)。结合佩林患有唐氏综合征的孩子,而且基于果蝇的科学研究恰恰用于研究唐氏综合征和其他疾病,佩林的言论显得多么可悲且无知。

也是伟大的，使得其他大多数生物学家的发现都黯然失色。10 年前，谁会想到科学会以这样的方式破解遗传的问题，并且发现产生动植物杂交结果背后的机制；又有谁能想到可以把遗传物质定位于染色体。这些染色体太小，以至于我们要以千分之一毫米和数百个遗传因子（染色体的各个片段）来计量，因此，我们也只能把它们想象成与多个无穷小的微粒元件相对应（果蝇全身的性状）。❶

生机论的终结和密码子的发现

对遗传微粒的追寻正在锐化和加速。一个生命体的所有性状显然都是从亲代遗传来的，遗传信息以某种信息编码在染色体中，像丝状物一样游走于细胞内。1913 年，摩尔根可以自由地使用"基因"这个术语来指代染色体特定的片段，这个特定片段对应形成果蝇身体的特定部位。到了 20 世纪 30 年代，染色体由一种叫作脱氧核糖核酸（DNA）的大分子组成已众所周知。这个迷人的分子以某种方式与遗传密切相关，它主要由大约等量的四种化学分子组成，即腺嘌呤、胞嘧啶、鸟嘌呤和胸腺嘧啶（A，C，G 和 T）。无论是树、仙人掌、鱼、老鼠、蠕虫，还是人的机体，都是由这个分子形成的。至此，没有人知道是怎

---

❶ 1933 年 12 月 10 日，1933 年诺贝尔生理学或医学奖颁奖典礼上，皇家卡洛琳学院教授团队成员福克尔·汉森（F. Henschen）替摩尔根教授领奖时的演讲视频可访问 http://nobelprize.org/nobel_prizes/medicine/laureates/1933/press.html。

么形成的，但科学家们都知道接下来该去研究什么。

基于 DNA 的发现，生机论者的学说也迅速瓦解了。这个学说认为生命主要由某些类似超自然的能量控制，因而与宇宙中其他所有的物质存在本质区别。1944 年，德国物理学家欧文·薛定谔（Erwin Schrdinger，1887—1961）出版了一本颇具影响力的著作——《生命是什么?》。在书中，他写道：生命化学现象与其他化学现象的本质区别在于前者包含的信息内容。

这样就引出了一个重要问题：这些仅由四种化学分子组成、栖居于微小染色体内的信息是如何组合成一只果蝇、一棵香蕉树、一条鲸鱼或一个人的呢? 染色体上携带的是什么类型的信息? 被分割成基因的又是什么信息? 这些信息是如何编码的?

本书有两位特殊的读者：一位是芝加哥大学物理学专业学生詹姆斯·D.沃森；另一位是英国前物理学家弗朗西斯·克里克。最终，两人双双去了剑桥大学探究 DNA。

1953 年初，克里克和沃森都在为破解遗传物质而疯狂地工作着，与此同时，他们还在和美国化学家莱纳斯·鲍林（Linus Pauling，1901—1994）进行着一场友好竞争。克里克后来回忆道："我们看不出答案是什么，但是我们认为从多角度思考这个问题至关重要。"另外，他坦言之所以能和沃森一起工作，是因为他们有着极其相似的兴趣爱好、年轻人的傲慢和冷酷，以及执着的思考。[1] 他们俩也都知道鲍林刚满 50 岁，这位天才可能

---

[1] 参见 *What Mad Pursuit*，p66，弗朗西斯·克里克（Francis Crick，1916—2004）著（纽约: Basic Books 出版社，1990 年出版）。

会在不久的将来因为自己的发现而获得诺贝尔奖，没有多少时间留给他们了。

以下是他们已经知道的：

- *所有生物都是由蛋白质构成的。*
- *蛋白质由 20 种氨基酸组成。*
- *DNA 由等量的 A、C、G、T 组成。*

20 种氨基酸是组成机体内蛋白质的原材料，那么 A、C、G、T 这四种化学分子是如何编码产生 20 种氨基酸的呢？这个答案很大程度上取决于 DNA 自身的结构。就像钥匙的形状会"告诉你"锁的形状一样，知道了 DNA 的结构就会获得氨基酸和蛋白质的信息。那么，DNA 是链式的、梯状的，还是晶体式的呢？从两人丰富的生物学和化学知识出发，一次构建一个模型，有时还会通过使用 DNA 化学分子的硬纸板模型来观察它们是如何组合在一起的，最终，克里克和沃森一起攻克了这个难题。

许多科学家的发现都是偶然的，有的甚至是灵光一现。一天，沃森观看了生物物理学家罗莎琳德·富兰克林所拍摄的关于 DNA 片段的黑白照片。富兰克林一直尝试利用 X 射线衍射法研究 DNA 的晶体结构。当 X 射线照射到生物大分子的晶体时，晶格中的原子或分子会使射线发生偏转，产生衍射图像，进而可以根据得到的衍射图像，推测分子大致的结构和形状。❶"在看到照片的那一刻，我惊奇地张大了嘴巴，我的脉搏开始加速。"沃森后来回忆道。❷之后不久，灵光一现的时刻出现了。在看过照片的第二天早晨，沃森继续摆弄着他那些分子硬纸板模型，然后被一个X形状模型吸引，这与昨天富兰克林的"51张照片"中的某一形状相似。他灵机一闪，恍然大悟，照片中的形状看起来似乎是螺旋梯形，也就是今天我们熟知的"双螺旋"。

沃森写道："当克里克晚些时候到实验室时，他还没走到实验室楼道一半就被自己焦急地迎进了门。"第二天晚上，他们俩利用一个DNA的线性模型，没过多久便建立了DNA的双螺旋结构。至此，可以从根本上理解遗传物质颗粒、解释生物性状的遗传物质特征、揭示橘子种子本身具有"神秘"潜能的DNA结构呈现在实验室内。这是一个具有里程碑意义的时刻，沃森和克里克构建的DNA模型此刻也在注视着它自己。这是一个本应诗兴大发的时刻，但是没有诗，取而代之，他们一起去了附近的老鹰酒吧把酒言欢。

螺旋式结构看起来和所有人以前见过的形状都不一样。"这

---

❶　我们可以访问 http://www.pbs.org/wgbh/nova/photo51-pict-01.html，查看罗莎琳德·富兰克林（Rosalind Franklin，1920—1958）拍摄的"51张照片"。富兰克林于1958年去世，她独立地为人们理解DNA结构做出了重大贡献，得到了《自然》的高度认可。但她对此做出的卓越贡献总是被人们对于沃森和克里克的关注所掩盖。参见 *The Path to the Double Helix*，R. 奥尔贝（R. Olby）著（纽约：Dover出版社，1994年出版）。

❷　参见 *The Double Helix*，p167，詹姆斯·D. 沃森著（纽约：Atheneum 出版社，1968年出版）。

是一个奇怪的模型。"沃森后来在给朋友的一封信中写道。奇怪与否，并没有影响双螺旋结构随后被证实无误。至此，DNA 的结构、遗传的丝线物质已经为人所知。但在 1954 年，这对搭档却以科学的谨慎态度暗示说：

> 综合来看，DNA 两条链 (DNA "轨道") 之间的互补关系很可能与 DNA 的生物学功能相关。既然 DNA 被认为是一种遗传物质，那么在某种程度上它也许具有自我复制的能力。❶

尽管如此，破解 DNA 的结构仍然是科学界的一项壮举，知道了 DNA 的结构，人类就从根本上知道了自己的来源，同时也理解了自己的独特性以及与所有其他生物的相关性，因为不仅仅是人类，所有的生命形式都以 DNA 为基础。

1962 年，克里克和沃森被授予诺贝尔生理学或医学奖。1966 年，他们所有的理论都得到了确认：DNA 双螺旋结构被证实是正确的；DNA 排列在特定的区域，每个区域被称为一个基因，用于编码合成 20 种氨基酸中的一种 (基因还有其他功能，但此刻我们将目光聚焦在蛋白质上)。合成足够多的氨基酸，就组成了蛋白质，合成足够多的蛋白质，就组成了机体。蜗牛、海星、山楂树、人、红杉……所有这些都是由 DNA 编码合成的

---

❶ 参见论文 *The Complementary Structure of Deoxyribonucleic Acid*,
发表于 *Proceedings of the Royal Society of London* 杂志，1954 年第 A223 卷第 1152 期，p80—96，作者：弗朗西斯·克里克和詹姆斯·D. 沃森。

20种氨基酸组成的。那什么是一粒橘子种子所具有的"神秘"力量呢？答案是这个种子所携带的橘子树DNA，是一长串由A、C、G和T组成的化学分子。人类和其他所有生物均是如此，唯一区别在于A、C、G和T的排列顺序。

生命的DNA密码子

沃森和克里克的DNA模型是什么样子的？DNA如何只用4个碱基就编码出生命的多种性状？接下来是对密码子如何工作的阐述，如果你感觉对此很迷惑，别担心！因为有趣的是，即使不理解密码子的这些特性，你也能够理解进化论的大部分内容。所以，大可放轻松些，而且书的末尾也没有测试。或者你也可以看一看图1，应该会对你有帮助。如果它也不是你的菜，那可以继续看下一节——"DNA和你"。

事实上，长期以来科学界认为染色体链是如弗莱明在1882年观察到的那种模式，即紧密缠绕的DNA（如图1）。双螺旋模型认为DNA具有细长的梯状结构，梯状轨道的外侧是磷酸，横着的阶梯由A、C、G和T四种碱基构成。沃森和克里克进一步提出：沿着DNA特定的A、C、G和T序列编码产生特定的氨基酸。

如何产生？只有4个字母（A、C、G和T），但有20种氨基酸。如果1个碱基编码1个氨基酸，那么4个碱基只能产生4种氨基酸。如果两个碱基编码1个氨基酸（如A，C=某种氨基酸），那么4个碱基能够组合产生16种氨基酸，不够20个。如果3个碱基（如A，T，T）编码1个氨基酸，那么就会组合产

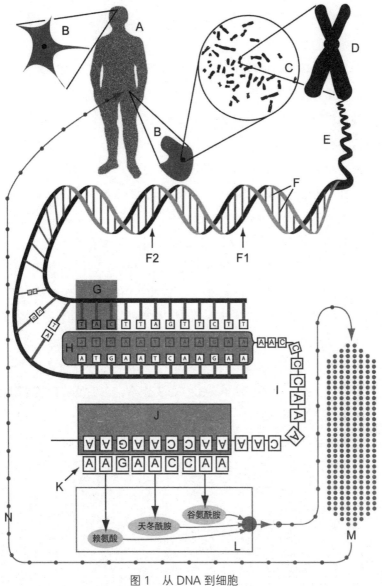

图 1　从 DNA 到细胞

生 64 种氨基酸，也超过了 20 个。如果 4 个碱基（如 A，T，C，C）编码 1 个氨基酸，那么会组合产生 256 种氨基酸，远远超过了所需的 20 个。

利用巧妙的化学方法，生物学家开始在不同物种的 DNA 片段中插入或敲除若干 A、C、G 和 T 碱基。他们发现，在序列中插入或敲除单个碱基对会破坏改变位点下游所有的信息。正如沃森在 *DNA: The Secret of Life* 一书中所解释的，[1] 你可以如此理解：想象有一个三字母单词组成的句子——JIM ATE THE FAT CAT。如果你删除了第一个"T"字母，将变成"JIM AET HEF ATC AT"，整个句子的意思都改变了。同时插入或敲除两个碱基对会产生同样的效果。但如果一次插入 3 个碱基对，后面的信息就可能会很好地保留下来，如：JIM ATE ATE THE FAT CAT。由此可以推断，由 A、C、G 和 T 组成的 64 个被称为密码子的三字母"单词"就是"DNA 密码子"。事实上，有冗余，有多个密码子编码一种氨基酸的情况。

表 2 展示了编码 20 种氨基酸的 DNA 密码子，也展示了 3 种被称为终止密码子的 A、C、G、T 组合，它们是编码氨基酸的密码子之间的隔断。

这些氨基酸以不同方式组合在一起，就形成了构成机体的成千上万种蛋白质（和其他化合物）。这里只描述了氨基酸众多功能的一小部分内容。

---

[1] 参见 *The Double Helix*，p72—76。

表 2   氨基酸和 DNA 密码子

氨基酸	相关功能	密码子
异亮氨酸	肌肉组织，血细胞	ATT, ATC, ATA
亮氨酸	血液，肌肉，激素	CTT, CTC, CTA, CTG, TTA, TTG,
缬氨酸	肌肉	GTT, GTC, GTA, GTG
苯丙氨酸	皮肤色素，脑化学	TTT, TTC
甲硫氨酸	头发，皮肤	ATG
半胱氨酸	头发，皮肤	TGT, TGC
丙氨酸	食物代谢	GCT, GCC, GCA, GCG
甘氨酸	机体结构蛋白	GGT, GGC, GGA, GGG
脯氨酸	连接组织	CCT, CCC, CCA, CCG
苏氨酸	神经、骨和牙齿组织	ACT, ACC, ACA, ACG
丝氨酸	神经（脑）细胞	TCT, TCC, TCA, TCG, AGT, AGC
酪氨酸	激素产生	TAT, TAC
色氨酸	大脑功能	TGG
谷氨酰胺	胺机体蛋白产生	CAA, CAG
天冬酰胺	中枢神经系统	AAT, AAC
组氨酸	血细胞，生殖细胞	CAT, CAC
谷氨酸	食物代谢	GAA, GAG
天冬氨酸	细胞能量	GAT, GAC
赖氨酸	连接组织	AAA, AAG
精氨酸	免疫功能	CGT, CGC, CGA, CGG, AGA, AGG
终止密码	分隔编码密码子	TAG, TAA, TGA

通过表 2，我们能够看到甲硫氨酸（氨基酸一列的第 5 行）由 DNA 密码子 ATG 编码，这是唯一编码甲硫氨酸的密码子，除了甲硫氨酸，它不再编码其他氨基酸。如马特·里德利在其著作《基因组》❶ 中所建议的，我们可以类比英语写作来理解遗传密码：

- *碱基对 = 字母（只有 4 个：A、C、G 和 T）。*
- *密码子 = 单词（有 64 个，例如 AAT）。*
- *基因 = 故事（每个基因有数百个密码子）。*
- *染色体 = 故事集（每条人类染色体大约有 1 000 个基因）。*
- *基因组 = 一套书中的所有故事（对人类来说，大约有 2.5 万个基因组成其 23 条染色体）。*

图 1 是人类机体形成的示意图。多细胞生物，如人类（A）是由多种细胞（B）组成的。每个细胞中含有一个细胞核（B 中的黑点），细胞核中含有 46 条染色体（C），也就是早在 19 世纪显微镜下观察到的"核线"。单个染色体（D）是一个长螺旋的 DNA 分子，像电话线一样紧紧缠绕（E）。DNA 的双螺旋结构是由外侧磷酸（E 上的黑白两条链）连接内侧（F）的腺嘌呤、胞嘧啶、鸟嘌呤和胸腺嘧啶（A、C、G 和 T）构成的，如左侧阴影部分标示（G）。尽管图中没有足够空间展示整个基因，但动物基因常含有 1 200 个碱基对，如图中 F1 到 F2 的长度。碱

---

❶ 参见 *Genome: The Autobiography of a Species*，第 23 章，p7。

基对以密码子的三联体形式排列，如（G）所示，密码子 TAC 编码产生酪氨酸。当 DNA 被用来编码蛋白质时（如产生新细胞去代替死细胞），一种被称为解螺旋酶的酶（图中 H，长灰色椭圆区域）沿着 DNA 链解开 DNA 双螺旋（图示向左移动），分离碱基对。接下来，螺旋酶以其中一条链为模板，复制合成新的 DNA 双链（中下两排），并将其带离原 DNA 链（I），最后移出细胞核，以准确的密码子序列（K）结合核糖体（J），编码产生氨基酸。所编码的氨基酸（图中 L 所示的赖氨酸、天冬酰胺和谷氨酰胺）进一步组装成蛋白，从而形成体细胞（M）。这张图仅是一个示意图，图中每个过程都有大量的细节未能显示。话虽如此，这里描述的内容足以解释清楚人类机体形成的整个过程。

同时，也要记住，由氨基酸组装成的蛋白质（例如用于组成头发和皮肤组织的角蛋白）不仅会形成机体的组织，组成生命，也具有许多其他功能，包括：

- *酶*（促进体内的化学反应）。
- *激素*（将信号从一种细胞传递到另一种细胞）。
- *受体*（接受激素信号）。
- *转运蛋白*（携带分子跨过细胞膜）。
- *调控元件*（控制某些生理过程的速率）。
- *分子开关*（以激活或抑制整个基因的编码）。

在第八章，我们将回到迷人的基因世界。

DNA 和你

　　下面我们以人类为例描述一下这个过程：每个人体由大约100 万亿个不同功能的体细胞组成，包括肺细胞、肝细胞、头发中的细胞等。每个体细胞都含有组建细胞所需的全部 DNA 序列，其中任何一个细胞的 DNA 解螺旋后都长达 1.8m。每时每刻，DNA 都在产生新的细胞（替代死细胞），并编码产生数百万种蛋白质。为此，解螺旋酶沿着 DNA 分子快速移动，"解压缩"特别基因的 DNA。当 DNA 被解螺旋后，解螺旋酶引起化学反应，复制 A、C、G、T 组成的序列，进而产生转录本，移离 DNA，并附着在核糖体酶上，在核糖体酶的作用下编码产生氨基酸，进而组合形成多种蛋白质。

　　这个动态过程的特征是连续性和频繁性，它以惊人的化学反应速率发生在生命进程中的每一时刻，甚至就发生在你阅读的此刻。

DNA 复制和子代的来源

　　最后要思考的一个问题是：我们已经了解到人体主要由体细胞（毛发、肺、心脏等）组成，存在于体细胞中的 DNA 通过编码产生蛋白质等过程修复机体。那么问题来了，机体本身是从哪里来的呢？我们都知道是来自父母，所以我们要理解增殖的本质就要明白 DNA 是如何从上一代（父母）传递到下一代（后代）的。

　　这个问题的答案就是，许多生物的机体不仅仅由体细胞组成，还有另一类特殊的细胞，即性细胞，也称为配子，其中的信息与生殖密切相关。

这其中发生了什么？当雄性性细胞（精子）形成时，雄性个体基因组中所携带的其父亲和母亲的 DNA 发生重组。这样，其性细胞（即精子）中携带的 DNA 便不单是其父亲的 DNA，而是融合重组的父母亲的 DNA。

雌性个体也是相同的情况：当其性细胞（卵子）形成时，其父母亲的 DNA 也会发生融合重组。

本书将在后面的内容中解释这个重组的重要性。

生殖主要有两种方式：无性生殖和有性生殖。我们首先从人类非常熟悉的有性生殖开始讲起。

有性生殖

我们之所以对有性生殖熟悉，是因为这种方式是人类和许多我们日常看到的物种的繁殖方式。狗、牛、人、鸟，甚至许多植物都是有性生殖。重点来了，有性生殖（繁殖）物种的机体是由体细胞（拉丁语中的 *soma* 即指身体）和性细胞组成的，性细胞也被称为配子。雄性个体中的配子即为精子，雌性个体中的配子即为卵子。在有性生殖发生时，当一个精子细胞遇到一个卵子细胞，精子细胞会被吸入卵子细胞中，然后卵子细胞壁会立即硬化，从而阻止其他精子进入，并开始受精过程。卵子细胞和精子细胞都只含有形成机体的一半染色体，所以每一个性细胞均不能独自产生后代。随即，卵子细胞和精子细胞的核膜发生溶解，雄性和雌性 DNA 结合在一起。然后，受精卵开始分裂，即为发育的初始阶段。这个过程是由受精卵中的DNA控制的，当然这个DNA包含了来自父本精子细胞和母本卵子细胞的DNA。对人类来说，婴儿在出生前，需要在子宫中发育9个月。

有性生殖的特点和本质是构建机体的基因不是来源于一个亲本，而是来自父亲和母亲两个亲本。不仅如此，子代与父母亲也都不相同（与兄弟姐妹也不相同），因为如前所述，在父亲精子细胞和母亲卵子细胞形成时，其父本和母本的DNA均发生了融合重组。这就意味着子代携带的是重组后的父本DNA和重组后的母本DNA。

DNA重组是有性生殖和无性生殖的本质区别，我们将在后面详细解说。有性生殖就意味着子代与父母亲和兄弟姐妹不同，因为他们携带的是融合的DNA。这个"差异"就是我们所谓的变异，我们将在第三章对其示例，并阐述其重要性。

有性生殖的复杂世界：自然世界的示例

有性生殖的世界极其复杂，我们将目光转移到野外世界，去了解一下猫鼬、千足虫、萤火虫和乌贼的情况。为什么有性生殖如此复杂？原因有很多。比如，许多物种仅在特定的季节发生交配，因此时机很关键。如南非的猫鼬，其交配并不发生在食物资源最丰富的季节，而是在资源最丰富之前的某段相对贫乏的季节，这样小猫鼬就出生在雨季来临、大量昆虫和植物可食用之时，因为成年雌性猫鼬的妊娠期（小猫鼬在其子宫内发育的时期）和哺乳期（哺乳小猫鼬的时期）是其生命中最"渴望

能量"的时期，需要消耗掉所有它能获得的食物能量。❶

假设一个个体有了合适的生殖计划，那必须找到一个潜在的配偶。在这个生物世界中，需要特定的配偶识别系统，这便打开了整个动物交流的世界，本书将在第七章详细介绍。这里先说一下动物通过视觉、化学味道（味觉和嗅觉）、声音（听觉）和身体形态（姿态）进行的交流。❷任何个体想要进行交配繁殖（这是生命的基本生理需求），必须在其生活的环境中，通过可利用的交流方式去找到合适的潜在配偶。

如图2所示，在萤火虫生活的世界里，一只雌性个体一晚上的活动轨迹。

为了吸引自身种类的异性配偶，该种萤火虫的一个雌性个体首先必须通过闪烁的信号区分其他8种萤火虫，再发出自己独特的信号。图2中展示了其他种类萤火虫代表性的足迹：有些飞得较高，有些在地面上飞，有些在向上飞时闪烁（顶行示意的），有些以连续重复的信号闪烁（第4行左侧图中所示意的偶尔重复的8个"斑点"）。雌性个体感知这些信号并通过这些信号

---

❶ 参见论文 *Breeding and Juvenile Survival among Slender-Tailed Meerkats*（*Suricata suricatta*）*in the South-Western Kalahari: Ecological and Social Influences*，刊登于 *Journal of Zoology* 杂志，1997 年第 242 期，p309—327，作者：S.P. 杜兰（S. P. Doolan）和 D.W. 麦克唐纳（D. W. McDonald）。

❷ 关于动物世界中通过化学味道交流的精彩介绍参见 *Pheromones and Animal Behavior: Communication by Smell and Taste*，T. D. 怀亚特（T. D.Wyatt）著（剑桥：剑桥大学出版社，2008 年出版）。

图 2　萤火虫世界的一个夜晚

区分物种的能力稍有偏差就有可能导致它交配失败。❶

有趣的是，在一些中非河电鱼的世界里，情况也类似。它们鼻口部的一个特殊器官会发出特有的电脉冲，利用这个电脉冲不仅能够感知周围的物体，还可以识别同物种中的潜在配偶。❷

一旦感知到潜在的配偶，为了求偶成功，它也可能会面临着激烈的竞争。如果是雌性个体选择配偶，为了赢得雌性垂青，雄性个体之间可能会爆发激烈的竞争，有些雄性个体甚至会不惜冒着生命危险去战斗。例如，南非乌贼的雌性个体只接受其中某些雄性求偶者，并在特定的几个"交配区"进行交配。交配区外的中等深度海域就是雄性个体的竞争区，雄性个体在这里相遇并用它们的触手大打出手，一旦战胜对手，胜者就会向上移动一点儿，直到进入交配区，遇到一个雌性个体。在交配区，雌性个体一般更容易接受最强壮的雄性个体，曾有一项研究数据（科学依据还不清楚）记录过，雌性乌贼有时会在刚刚获得一场胜利的雄性个体周围游走。一旦发生交配，雄性个体就会在雌性个体周围停留一段时间，通过猛烈地拍打鳍和"死亡凝视"来震慑其他雄性个体。当雌性个体向下进入产卵区时，雄性个体才可能游去浅水区（即移民区）。这一切看起来似乎简单明了，但其中却隐藏着很多神秘事件。例如，交配区内发生的事情并

❶　参见 *Sociobiology: The New Synthesis*，p179，爱德华·O.威尔逊（Edward O.Wilson，1929—）著（剑桥市：哈佛大学出版社，1975 年出版）。

❷　参见论文 *Electrifying Love: Electric Fish Use Species-Specific Discharge for Mate Recognition*，发表于 *Biology Letters* 杂志，2009 年第 5 卷第 2 期，p225—228，作者：P. G. D. 福伊尔纳（P. G. D. Feulner）等。

非如此简单。有时，小的雄性乌贼会悄悄潜入交配区，密切观察雄性和雌性的交配过程，当看到两个个体分开后，立即上前和雌性个体进行交配。为什么会发生这种情况，为什么此时的雄性个体会无动于衷，目前还无从知晓。❶

当然，生殖不仅仅是雄性个体向雌性个体传递精子的那一刻，事实上，这只是生殖的开始。以乌贼为例，我们已经知道只有如下几个步骤准确进行，卵子才能完成受精并在海底的卵床上着床（幸运的话，进一步发育成幼体、成体）：

· 卵子从雌性个体输卵管挤出到外套腔，也就是精子漂浮的洞穴状孔口。

· 精子进入卵囊外套腔，并朝向卵子游动（这个过程可能需要 10 分钟）。

· 受精卵呈串，可能有 20~30 个，聚集在海底适当的位置。

尽管直到今天我们对于乌贼的交配季节仍然知之甚少，但在某些情况下，这个活动会持续一个月甚至更长的时间，雌性个体会携带多个配偶，并产下 200 颗蛋。

有时，某些生物即便通过激烈竞争成功地找到了配偶，交配成功仍任重而道远。在一项对交配过程中的千足虫（*Alloporus*

---

❶ 参见论文 *Mating Systems and Sexual Selection in the Squid Loligo: How Might Commercial Fishing on Spawning Squids Affect Them*，发表于 *CalCOFL Report* 杂志，第 39 期，p92—100，作者：R. T. 汉隆（R. T. Hanlon）。

unciatus）的研究表明，雄性个体在之前的"交配斗争"中已经消耗了大量的氧气，而接下来必须再花些力气解开雌性个体防御性的盘绕姿势。而雌性个体在交配完成后也同样需要消耗大量的氧气来恢复体力。鉴于它们每次交配需要花费 3 小时，并且在 4 个月的交配期内需要反复进行，因此，如果一只千足虫有意繁衍后代，那它必须要有一个强健的心血管系统。❶

与有性生殖相关的其他耗能行为，主要包括交配成功后的炫耀（如大猩猩的捶胸和故作姿态）、防御、宣示领土主权的行为（如大猩猩在交配后承担保护自己配偶的责任），以及在抚育后代中付出大量精力的行为（再次以大猩猩为例，雌猩猩需要花费几年时间来陪伴小猩猩，直到它们能够独立生活）。

其他一些雄性和雌性个体不直接接触交配的有性生殖也没那么简单，如许多水生物种，在广泛的海域中排卵，然后这些卵子与自由游动的精子完成受精。我们以海洋中的棘冠海星（长棘海星，与海星类似）为例，为了完成受精过程，雄性个体必须在适当的时间释放精子云，而且最好要释放在距离卵子细胞大约 30m 的范围内。❷ 而在洋流的作用下，精子到处移动，这些

---

❶ 参见论文 *The Energetic Cost of Copulation in a Polygynandrous Millipede*，发表于 *Journal of Experimental Biology* 杂志，1998 年第 201 期，p1847—1849，作者：S.R. 特尔福德（S.R.Telford）和 P.I. 韦布（P.I.Webb）。

❷ 参见论文 *Sperm Diffusion Models and In Situ Confirmation of Long-Distance Fertilization in the Free-Spawning Asteroid Acanthaster planci*，发表于 *Biological Bulletin* 杂志，1994 年第 186 卷第 1 期，p17—28，作者：R. C. 巴布科克（R. C.Babcock）、C. N. 芒迪（C. N. Mundy）和 D. 怀特黑德（D. Whitehead）。

条件似乎很难达成，但如果条件适宜，多于99%的卵子将完成受精。只有在棘冠海星主要生活海域更浅一些的区域才能满足条件，所以能够成功迁徙至此完成受精是这一物种繁衍的先决条件。

笔者引入乌贼、千足虫及如上介绍的其他几个物种的受精情况，主要是为了说明生物的有性生殖并不是一个简单的过程。书中仅仅描述了其中几个过程，有些科学家甚至将整个职业生涯都投入某一个物种的一个受精过程。

无性生殖

无性生殖过程相对简单，而且主要是单细胞生物（如细菌）的生殖方式。在许多物种中，子代（即使无性世界中没有性别，也称为子代）仅仅是亲代细胞分裂成两部分并释放出一部分作为子代的结果。

无性生殖有三种主要模式：出芽生殖、断裂生殖和孤雌生殖。

出芽生殖的生物，亲代细胞在其身体上突出生长，最终生长出芽，并释放到环境中成为子代。例如，一种名为水螅的水生生物，看起来像没有叶子的有茎植物，会长出水螅体，水螅体会在发育为成体前脱离亲本。

断裂生殖的生物，亲本通过断裂成碎片而产生子代。例如，一只海星的足折断了，这段足片段能通过其多个细胞的分裂生长而形成一个新的海星。

孤雌生殖的生物，尽管有雄性和雌性的区别，但雌性实际上可以自我受精，从而在没有雄性个体参与的情况下产生子代。例如，科莫多龙（非常大型的蜥蜴）雌性个体偶尔会在没有雄性个体存在时繁衍子代。

对于无性生殖的这些模式，需要强调的是：不论是出芽生殖、断裂生殖或其他你看到的生殖方式，都是增殖，是子代产生的过程，而不是简单地由地心引力引起的"掉落"，或是面包屑从一片面包上随意地掉下来，这些过程都由特定的信息指导完成。这些信息是指导氨基酸组装的遗传密码子。氨基酸以一种方式组装，得到的是一只海星，换一种方式，也许得到的是一棵橡树，这就是生命的特色。增殖信息是一个密码子。

其他生殖方式

马克·吐温（Mark Twain，1835—1910）曾笑言："德语语法规则多，但例外情况更多。不能敢说生物学也是如此，但是生物世界里确实仍有很多未解之谜。"密切关注各类科学杂志，时常会有新的科学发现、规则之外的特例、对我们已经知晓的现象的推理阐述，以及超出我们想象的意外发现。例如，雌雄同体是同时具有雄性和雌性性器官的个体，如许多蜗牛和蛞蝓个体要么使用其雄性生殖器进行繁殖，要么使用其雌性生殖器进行繁殖。

因此，尽管无性生殖和有性生殖方式之间的鸿沟已是定局，但二者并不能涵盖所有生物的生殖方式或者生物生殖过程中所有的细枝末节。但二者所呈现的共同点是：生命个体都来自亲代，正如我们通常理解的那样。而且，更重要的是所有生物的生殖过程都是由 DNA 控制，这也是贯穿于整本书中的内容。

进化中的生殖

有性生殖者、无性生殖者，虽然生殖方式不同，但它们都是生殖者。生物不是凭空出现的，每个个体都来自父母亲代，生殖过程由 DNA 控制，这也正是所有生物看起来像其父母的原因。

通过研究生物生殖，我们能够发现生物遗传的细节，理解生物如何自我增殖。自我增殖者也会随着时间的推移，传承其遗传信息。

自我增殖者也能够组建复杂的个体，科学上称为表型。至此，我们还没有谈及生物的表型，在下一章我们将展开详细论述。同时，我们也将明白，理解基因对理解进化至关重要。

第三章　变异的真相

> 想想人类，沉默的鱼群，肥壮的牛羊、野兽，以及在湖泊、溪流、河岸旁边拥挤，在人迹罕至的森林里聚集和飞行的各种各样的鸟儿。在同类中，随便抓一个，你就会发现它们个个形状有所不同，这就是幼仔能够认识妈妈、妈妈能够认识幼仔的唯一方法。
>
> ——卢克莱修:《物性论》❶

---

❶　参见 *On the Nature of the Universe*。

我们已经很容易地理解了增殖的真相，生物繁衍子代，子代从单细胞发育为成体是由 DNA 控制的，所有这些都是不可否认的事实。接下来，我们来谈谈自然世界中第二个重要而且不可否认的真相，即变异的真相，也就是子代既不同于父母又不同于兄弟姐妹的真相。我们也将理解变异的真相是我们得出进化是增殖、变异和自然选择的必然逻辑结果结论的一个重要前提。

自然界中存在许多错觉，特别是对于人类这样具有想象力的物种来说。人类发现了很多事实，但也错过了很多事实，而我们所能发现的很多事实在很大程度上取决于我们的思想体系和现有的技术。生物世界由易定义且内部结构一致的生物体组成就是人类最大的一个错觉，这个错觉限制了两千年来西方文明对自然世界的看法。[1] 现在，当然有一些容易观察到的生物类型，即没有人会争辩说蓝鲸和松树是同一种类或同一类型的生物，但我们已有的分类学的思维方式使我们相信每一类生物几乎是相同的。粗看之下，一只蓝鲸几乎与其他任何蓝鲸一样，一棵松树也几乎与其他所有松树一样。早期生物学的目标主要集中于识别和描绘所有不同类型的生物，尤其对它们最显著的特性进行详细描述。这便使得我们很少考虑物种内、种群内个

---

[1] 这个错觉是"生存的大链条"，在这个链条上，所有生物根据其与神的接近程度被分等级组织排列。更多内容请参见《进化的十大神话》，特别是书的第三章 *"The Ladder of Progress"*。如果读者有想更深入探讨的兴趣，可参见 *The Great Chain of Being: A Study of the History of an Idea*，A. O. 洛夫乔伊（A. O. Lovejoy）著（剑桥市：哈佛大学出版社，1936 年出版）。

体之间的差别，也就是我们所说的变异。

但是，仔细观察同代、同一物种的任何两个不同的个体，或者把它们与父母比较一下，你就会发现个体间的差异，即变异。事实上，当我们仔细查看生命体时，我们就会打破自然界中镜像一致性的错觉，发现没有两个生命体是完全一样的。没有任何两个！仔细观测后（也许你必须查看一些很难用肉眼看到的特性，如个体的 DNA），你就会发现每个个体都是独一无二的，甚至像经由克隆产生后代的微生物之间也存在细微的差异。

我们仔细思考这个问题，就会发现这是合情合理的。你有见过两棵一模一样的松树吗？我的疑问是真有两棵真正一样的、零差异的树吗？如图 3，A 和 B 哪个看起来更像现实世界？ A 例中的树看起来有些奇怪，因为以往的经验告诉我们生物个体之间存在差异，而且这看起来一点也不像森林。B 例中的树更接近于真实世界中的树，这是一张俄勒冈州沿海地区树木的照片。我们可以看到，不论多么微小，每棵树之间都有差别，甚至是同种树的个体之间也是如此。

即使是看起来"相同"的双胞胎之间也存在或多或少的差别。事实上，找到两个完全相同的生物个体绝无可能。你可以现在就出去寻找，我敢保证如果你仔细观察同一物种中的任意两个个体，你一定能够找到不同点。变异是我们每天都能发现的自然事实。

生物体各不相同是一个真相。但这个真相是如何融入进化过程的呢？为什么变异的真相如此重要？首先，在第二章中，我们明确了一个简单的事实，那就是生物体来自父母一代。它

图 3　是克隆吗?

们不是凭空出现的，无论是一个橡子或一个鸡蛋或其他物种，它们都来自自己的父母亲。接下来，在理解进化论之前，我再来明确另外两个步骤，即变异和自然选择。同样，我们将详尽地解释为什么自然界中变异的真相对进化论如此重要，但在此之前，我要明确生物的变异是一个事实。

DNA 水平的变异

无论一个变异形状是巨大的（如鹿角大小的差异），还是微小的（如仅有基因的几个特性差异）都无关紧要，正如我们将在第四章所看到的，任何一个变异都至关重要。我们先来看一个示例，它将有助于我们理解即便是分子水平的变异也那么重要。

让我们回到前文提到的哥伦比亚大学摩尔根博士的果蝇实验室，摩尔根在那里完成了很多开创性的实验从而证实了遗传的本质。同样在这里，科研人员发现最喜欢发酵水果的果蝇身上存在一个酒精分解问题：发酵的水果会产生酒精，如果果蝇的消化系统中没有有效的乙醇分解酶，那它们也会醉酒，继而表现为难以飞行和行走，甚至不能站立。❶

深入探究这个有趣的现象，研究者们发现果蝇基因中有一

---

❶ 参见论文 *Alterations of Genetic Material for Analysis of Alcohol Dehydrogenase Isozymes of Drosophila melanogaster*，发表于 *Annals of the New York Academy of Sciences* 杂志，1968 年第 151 期，p441—445，作者：E. H. 格雷尔（E. H. Grell）、K. B. 雅各布森（K. B. Jacobson）及 J. B. 墨菲（J. B. Murphy）。1998 年，M. 艾什布尔纳（M. Ashburner）在 *BioEssays* 杂志第 20 期，p949—954 中发表的 *Speculations on the Subject of Alcohol Dehydrogenase and Its Properties in Drosophila and Other Flies* 一文中也引用了这篇文章的内容。

个 *Adh* 基因，该基因可以合成一种叫作乙醇脱氢酶的物质，从而氧化乙醇，防止果蝇醉酒。如果这个基因序列是正确的顺序（如我在第二章中讲到的），即所有的 A、C、G 和 T 碱基都处于信息编码的顺序，那么万事大吉，该基因能够编码产生乙醇脱氢酶。但常常事与愿违，会出现一个至关重要但很小的变异。我们知道基因由密码子组成，密码子是 3 个碱基对一组，如 CCT。在果蝇中发现，*Adh* 基因的第 192 个密码子有两种可能的变异：其一是编码产生苏氨酸的 ACG ；其二是编码产生赖氨酸的 AAG。其中，含有苏氨酸变体的乙酸脱氢酶的果蝇具有更强的消化乙醇的能力，从而更具活力。[1]

因此，研究经验告诉我们，生物在分子水平上也会发生变异。在第四章我们将继续深入理解，微小的变异也可能是至关重要的。

大规模的变异

在更进一步之前，我们先回顾一下，生物个体的表型由该生物的 DNA 决定，DNA 被称为基因型。尽管生物学领域对于表型或基因型在进化论中是否重要存在着许多争论，但二者之间的区别是公认的，也是十分重要的。基因型好比是指导手册，表型就是该手册指导下构建的产物。进化论者理查德·道金斯解释得最精妙，关于表型（无论 DNA 构建的是仙人掌还是蜂鸟

---

[1] 参见论文 *ADH Enzyme Activity and Adh Gene Expression in Drosophila melanogaster Lines Differentially Selected for Increased Alcohol Tolerance*，发表于 *Journal of Evolutionary Biology* 杂志，2005 年第 18 期，p811—819，作者：Y. 马勒布（Y.Malherbe）等。

的生命体），他说道："表型是生物传承的重要工具，而不是传承的内容。"❶

被传承的当然是 DNA 自身，通过增殖随着时间推移被传承下来。换言之，表型是保护和传递 DNA 的一个结构。

一个物种的个体中最可视化的变异就是表型变异。而遗传水平的变异被称为基因变异（如我们前面讲到的果蝇的例子）。

分子生物学的中心规则是基因型构建了组装成表型的结构。即：

基因型 ⟶ 表型

基因型是指导手册，表型是该手册指导构建的实际产物。如我们在第二章中理解的，遗传信息以单向方式传承。但为什么要区分基因型变异和表型变异呢？因为虽然某些表型变异是变异 DNA 编码的产物，但是很多表型变异在一定程度上受限于生物个体的生活史。例如，一个生物个体找不到食物，它的机体就会在多方面表现出饥饿带来的影响结果，如体重下降。这里体重下降的表型不是由个体基因型引起的，而是受到个体生存环境的影响。有两点内容需要特别指出。

首先，尽管有时候环境因素可以修改 DNA（将在本章后面讲到，并在第八章的"突变发生"部分进行回顾），但环境因素并不会引起 DNA 大规模、有组织性地改变。也就是说，即使一个个体误入一个改变自身基因的化学环境，这些改变也不会引

❶ 参见理查德·道金斯的著作 *The Extended Phenotype: The Gene as the Unit of Selection*，p114。

起个体系统性的表型变异，就像一条鱼不会生出带有昆虫翅膀的小鱼。总而言之，基因型构建了表型，表型的改变不能直接有规律地改变基因型。如"基因型 ⟶ 表型"中箭头所示，信息呈单向走势。

例如，如果一个人在一次事故中失去了一只手臂，这并不会编码到他的基因中，以至于他的后代出生时就少一只手臂。❶尽管在本书的后面章节中我们会看到有些环境因子在个体生活过程中能够编辑基因，并将改变遗传到下一代，但是构建表型基本结构的 DNA 不会以这种方式改变。

其次，生物学家们在观察和记录自然界中生物表型变异的过程中，需要确保记录的是个体生命历程中由环境变化引起的变异（例如由于食物缺乏而引起个体体重降低），还是基因型改变引起的变异（例如一个人天生有 6 个脚趾，而不是通常的五指）。由于遗传信息通常不会以组织性的、富含大量内容的方式从环境传递到基因组，所以生物学家们必须能够区分遗传基因引起的变异和环境诱导的变异。

基于此，你可能会说，对自然世界的研究真是充满了挑战性！你说对了。当我们把表型可塑性的内容掺入其中，这个关系会变得更加复杂，因为事实上环境因子可以引起任何一个物

---

❶ 获得性遗传（*inheritance of acquired characteristics*）的概念通常被认为由法国博物学家让-巴蒂斯特·拉马克（Jean-Baptiste Lamarck，1744—1829）提出。这是一种不同于达尔文进化论的物种进化学说。尽管达尔文进化论被证实是正确的，但正如我们将在本书第八章中看到的，现存的一些物种中确实存在多种"拉马克式"的遗传进化模式。

种一系列的表型变异。稍后，本书将详细介绍表型可塑性。此刻，我们再来看一些大规模表型变异的例子。

消除错觉：不再寂寂无闻的水母

正如前文提到的，对生物世界的匆匆一瞥会令人产生世间有相同个体的错觉。然而，空中的大雁，那些穿梭于天空中的一群黑影有何不同呢？仔细观察后，你便会发现它们之间的差异很大。除非我们真正花费精力来仔细观察研究生物，否则容易产生"束之高阁"的心态，即认为每个物种都是完美的类型，而忽略了如果我们真正去研究物种内的个体时，将会发现个体间存在多少变异。

例如，图4的上半部分所示的是海月水母（*Aurelia aurita*）生命周期的教科书版。A是水母的成年体，它在生长大约一周后释放一个最初的子代，即浮浪幼体B。浮浪幼体在岩石C上定居，并转变成为水螅体D和E，它们利用触手捕获经过的营养物质为食。最终，水螅体发育成为横裂体，即一群不成熟的水母堆叠在一个茎秆F上，随后的多年都能够出芽进而产生蝶状幼体子代。当一个蝶状幼体G被释放后，如果一切顺利，它将发育成为不成熟的水母体H，然后成长为成年体I。请大家留意示意图中所展示的蝶状幼体G，其呈对称形态。看到教科书中如此描绘，我们在脑中也会形成一个固化的印象，即海月水母蝶状幼体的样子。然而，看看图的下半部分，这是1996年加利福尼亚海岸附近捕获的12个海月水母的蝶状幼体的真实形态。我们看到没有任何两个蝶状幼体的形态是完全一样的，"寂

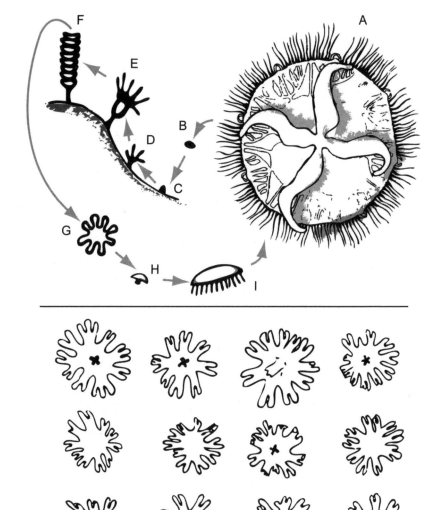

图 4　不再寂寂无闻的水母

寂无闻的斑点世界"也存在变异。❶ 当然，这里我不是要谴责科学插画师。我想表达的意思是，除非仔细观察研究自然世界，否则我们可能会错过很多重要但细微的差异。而且，如本书将在下一章所讲到的一样，一些我们所谓的"细微"差异可能会改变某些生物个体的命运。让我们调换角度来想象一下，对于可以用 24 只眼睛观察你的箱形水母（箱水母属）来说，你和你的兄弟可能看起来差不多是一样的。当你们在海洋中游泳时，在它们看来，仅仅是两个身形瘦长、长有四肢的动物离开了自己生活的环境。但显然你和你的兄弟是不一样的。即使你们是双胞胎，你们也有差异，比如说你们的差异之一是听力的不同，假设你听力非常好，而你的兄弟几乎是聋的。当你们遇到某些糟糕的水域环境时，你的超凡听力会帮助你避免一些致命的危险，而你那具有相对较弱听力的兄弟就不会这么幸运了。诸如此类，只有在解剖人类耳膜结构时才能看到微小差异，这也是人类这个物种中显著的遗传变异。然而，箱形水母是绝对看不到这个变异的。总而言之，当观察研究某一物种的表型变异时，我们必须确认是否观察到了该物种个体中所有意义重大的变异。

连续变异：蝗虫的大脑、箱龟的颅骨、美洲野牛的腿毛和驼峰

呈梯度变化且可用度量单位测量的变异被称为连续变异。

---

❶ 图片改绘自学术论文 *Clonal and Population Variation in Jellyfish Symmetry*，发表于 *Journal of the Marine Biological Association of the United Kingdom* 杂志，1999 年第 79 期，p993—1000，作者：L.-A. 格什温（L.-A. Gershwin）。

例如，一项对加利福尼亚州东西样带的梅花形植物高度的研究报告显示，该植物的高度具有一个连续的变化范围，从几英寸到一英尺，甚至更高，而不是明显地划分为 L_1、L_2、L_3 尺寸。该植物的高度取决于其种子生根的海拔高度，见图 5（A）。❶ 另外一个例子是实验室小鼠的毛色，见图 5（B）。❷ 尽管每只小鼠都携带了相同的毛色控制基因，但个体中基因的微小变异也会引起小鼠身体上黑色毛色分布的不明显差异，我们看到的也是一个连续的差异，而不是绝对的分型。

小鼠毛色的差异相对容易看出来，但其他很多变异，如果没有经过长期观察或者不使用显微镜则很难观察得到。

如图 6（A）所示，4 只蝗虫（*Locusta migratora*，飞蝗）中有同样一条沿大脑向下延伸的神经，即图中显示的 4 只蝗虫大脑中都有一条类似的垂直向下的线条。同时，在这条神经左侧都布有神经纤维，但不同个体间神经纤维数量和长度差异较大。此外，其中两个大脑中还有向右侧延伸的长神经纤维，几乎延伸至大脑的另一侧。而最右侧那只蝗虫的大脑并不具有向右侧延伸的神经簇，这就非常有趣了。这个表型变异发生在脑组织中，而个体的行为方式就由这些神经纤维簇的连接模式所控制。神经纤维中神经元（即脑细胞）物理排列方式的差异就会引起个体行为方式的差异。这一真相的含义将在下一章详细列出。这里我想说的是，如果没有解剖工具、显微镜以及长期的观察研究，这个变异将无人知晓。

---

❶ 参见伊莱·C. 明科夫的著作 *Evolutionary Biology*，图 6.5。

❷ 参见伊莱·C. 明科夫的著作 *Evolutionary Biology*，图 13.7。

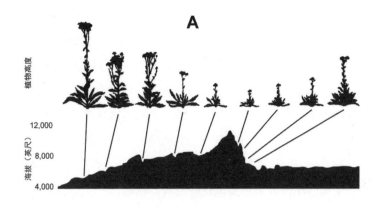

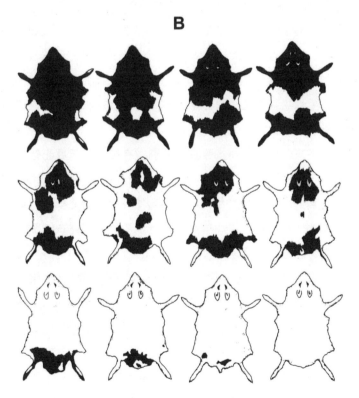

图 5 植物高度和小鼠毛色的连续变异

图 6（B）列举的例子如出一辙。图中是 3 只箱龟（北美箱龟属）右侧颅骨的视图。3 只龟的眼睛均位于右侧颅骨的大半圆中。3 只龟的颅骨有基本相同之处，也有一些细微的差异，如每只龟的上鼻骨的形状都有些许不同。我们可以在图中看到普遍的相似性，所有的龟都有自己主要的骨头，但每块骨头都有些许差异。之所以将这些差异称为"微小"变异，是因为我们需要花费巨大的精力才能够发现这些变异，然而这些变异却能够影响箱龟嘴巴擒住植物、昆虫、蛞蝓和蜗牛等食物的能力，进而完全改变箱龟的生活和健康。相比于图中左侧龟的"钝"状鼻骨，中间和右侧龟的"钩状"鼻骨就是一个不大的变异，但这也需要生物学家开展大量的研究工作理解其原因。我们可以再次得出结论，生物中存在这样的变异，它们可能对物种生命至关重要，但却难以被发觉。

　　接下来，我们先将实验室的研究抛在脑后，把目光转向广阔的田野，去看看那里生物中的变异。图 6（C）和图 6（D）展示了美洲野牛现代种群中两种重要且易见的表型变异。加拿大和美国的研究者都发现，这些变异也是加拿大伍德布法罗国家公园的美洲野牛中最常见的变异。图 6（C）示意美洲野牛前肢的腿毛或者是短的（左侧图示），或者是中等长度的（中间图示），抑或是长的（右侧图示），从而形成了不同视觉效果的腿。图 6（D）展示了另外一个变异性状，即美洲野牛驼峰前侧倾斜的角度。假设我们在牧场中只看一眼美洲野牛，恐怕很难发现这些变异性状，尽管它们可能对野牛生活至关重要。有人也许会问："谁会在乎野牛驼峰倾斜度是低是高？"下一章我们将回答这一个

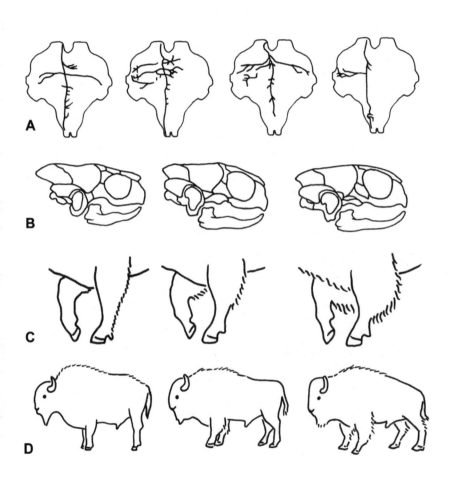

图 6　蝗虫、箱龟和美洲野牛中的变异

问题，至少野牛是非常在意的。[1]

我们能够在所有物种中看到变异，而不仅仅是在上面提到的动物。例如，在对紫荆树叶的研究中，研究者就发现每棵树的树叶是完全不一样的。叶片的厚度从大约人类头发的厚度到厚度的一半不等。叶片上的气孔（即叶片上负责气体进出的微孔）数量为 230~330 个 /mm^2。[2] 叶片的厚度或气孔的密度与紫荆树的生存有何关系，我们不得而知，但我们将在下一章看到，任何变异对于生物个体的生存都具有重要意义。自然界就是一个"造就不同变异"的世界。

不连续变异

与连续变异相比，不连续变异相对更容易被发现和记载，其性状表现为"非此即彼"。一个极端的例子是苍蝇有翅或无翅的不连续变异性状，或者是人生来有六指而不是五指的性状。图 7（A）是来自《世界图解》一书中的一张插图，这本书是 17

---

[1]　图中"蝗虫"部分改编自 *Bright Air, Brilliant Fire*，图 3~ 图 5，G. 埃德尔曼（G. Edelman）著（纽约：Basic Books 出版社，1993 年出版）；"箱龟"部分参见 *American Box Turtles: A Natural History*，图 1~ 图 4，K.C. 多德（K. C.Dodd）著（诺曼：俄克拉荷马大学出版社，2002 年出版）；"美洲野牛"部分改编自论文 *Phenotypic Variation in Remnant Populations of North American Bison*，图 1、图 2，发表于 *Journal of Mammalogy* 杂志，1995 年第 76 卷第 2 期，p395—405，作者：R. 范·齐尔·德约翰（R. van Zyll de Johng）、H. 雷诺兹（H. Reynolds）和 W. 奥尔森（W.Olson）。

[2]　参见论文 *Genotypic and Phenotypic Variation as Stress Adaptations in Temperate Tree Species: A Review of Several Case Studies*，发表于 *Tree Physiology* 杂志，1994 年第 14 卷第 7 期，p833—842，作者：M. D. 艾布拉姆斯（M. D. Abrams）。

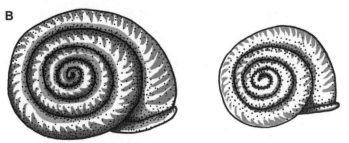

图 7　人类和蜗牛中的变异

世纪欧洲第一本配有插图的儿童教育百科全书。图的左侧就是一个不连续变异的例子，一个人生有两个头，当然这个情况比较少（图中也显示了一个人生来不止有两条胳膊、两条腿，但这是为了提示这些变异也会存在于不同的人群中，而非仅此一个人），图的中间和右侧是更多的不连续变异的例子，如小矮人和巨人。另一个人类中常见的变异就是多指，即一只手不止有 5 个手指头，这一变异性状在现代人中也比较常见。最后，在图 7（B）中可以看到常见的欧洲高海拔地区（左侧）和低海拔地区（右侧）蜗牛（*Arianta arbustorum*，陆生蜗牛）之间的差异，很显然，高海拔地区的蜗牛个头更大，个体颜色更深。

行为变异

不仅生物个体的形态存在变异（即使是微观水平上的），其行为也存在变异。

首先，从生物界的另一个巨星扁形虫（如此说是因为它在生物界拥有和果蝇同等的地位）说起，其行为变异包括进食模式的变异。将一个扁形虫群落置于布满其最爱的大肠杆菌的平板上，其中某些扁形虫会立即出动觅食，这些个体即为"独自的觅食者"。其他扁形虫则为群体觅食者，会成群地移动和进食。对其 DNA 进行分析研究发现，与神经系统功能相关的 *npr-1* 基因在个体间存在差异：单独觅食者中，*npr-1* 基因的一个密码子编码的是缬氨酸（GTC）；群体觅食者中，该密码子编码的则是苯丙氨酸（TTC）。❶到目前为止，研究人员对诸如此类一个密码子变异如何引起生物个体独自或群体觅食行为差异的机制尚未完全搞清楚。因为我们只能说 *npr-1* 基因中这个氨基酸与这个行为之间存在相关性，而不能说是因果关系。然而，对果蝇的一些其他研究表明，与此相似的基因水平的微小差异同果蝇显著的行为变异相关，如此推断扁形虫行为变异的结论也是合理的。此类关于明显的行为变异与遗传密码子之间相关性的研究还是比较新颖且少见的（尽管研究数量在迅速增长）❷，但成千上万的研究已经表明，产生动物行为变异的原因有很多，遗传因素位列其中。

此外，一项对北澳大利亚渔游蛇（*Tropidonophis mairii*）的研究显示，蛇蛋孵化的环境条件对其幼仔表型和行为变异均有较大的影响。特别是孵化的温度一定程度上决定了所孵化幼仔的反捕食行为。当巢内温度与孵化平均温度 25.6℃相差较大时，

---

❶　参见论文 *Genes for Normal Behavioral Variation: Recent Clues from Flies and Worms*，发表于 *Neuron* 杂志 1998 年第 21 期，p463—466，作者：M. B. 索科洛夫斯基（M. B. Sokolowski）。在很长一段时间里，释放一个物体和它坠落到地球之间的相关性得到了很好的证明，但其因果关系的解释（即万有引力定律表明一个较大质量的地球会吸引一个较小质量的"坠落的物体"）却没有得到广泛的理解。某种程度上说，生物学的这些研究也面临着同样的困境。不过这应该提醒我们，将有可能找出原因解释。一如既往，谁知道明天的科学研究杂志《科学》上会澄清些什么呢！

❷　索科洛夫斯基在一篇对几个行为变异与基因水平变异相关性研究案例的简短综述中提醒我们，当前研究结果中有一些模棱两可之处，是因为"我们对如何识别对行为变异起重要作用的基因知之甚少"。参见综述 *Genes for Normal Behavioral Variation*，p463。但这并不意味着我们无法掌握行为变异与基因水平变异的相关性，只是目前我们不知道。可以打赌，此刻在全球范围内，许多有助于我们理解这个问题的研究正在进行中。

所孵化的幼仔中，雌性个体往往比雄性个体游得更快，而生理上它们其实是一样的。反捕食行为，包括幼仔在水下而非水面的游泳速度，以及中途停留的次数，都一定程度上取决于蛇蛋在巢中孵化的温度。❶巢内温度变化如何影响渔游蛇幼仔行为的机制尚未完全弄清楚，但这些变异行为已经被完整地记录下来，也许不久就会真相大白。这里我所表达的观点是环境条件能够影响个体的某些行为，这些行为在某种程度上与基因直接相关，而不是通过学习获得。

　　另一个研究案例显示了动物行为变异对其自身生存的影响，当然这个话题我们在第四章也会详细讨论，此处简言之。该研究是对大山雀（*Parus major*）行为的研究，大山雀是北半球林地中常见的一种鸟。研究发现，在食物匮乏的季节，相比于喜欢居家的雌性大山雀，更具有探索性的雌性个体会花费较多时间去探索周围环境、寻觅食物，从而繁衍相对较多的后代。而在食物充足的季节，这些雌性大山雀也会继续四处探察，寻找拥有更加丰富食物的环境，个体之间也常常会发生冲突，这反而使得其繁衍的后代数量少于居家型的雌性个体。❷ 从这个例子我

---

❶ 参见论文 *Body Size, Locomotor Speed, and Antipredator Behaviour in a Tropical Snake (Tropidonophis mairii, Colubridae): The Influence of Incubation Environments and Genetic Factors*，发表于 *Functional Ecology* 杂志，2001 年第 15 期，p561—568，作者：J. K. 韦布（J. K.Webb）、G. P. 布朗（G. P. Brown）和 R. 夏因（R. Shine）。

❷ 参见论文 *The Evolution of Personality Variation in Human and Other Animals*，发表于 *American Psychologist* 杂志，2006 年第 61 卷第 6 期，p624—625，作者：D. 内特尔（D. Nettle）。这期杂志上刊登了多项探讨此类研究对人类进化的意义的报告，特别是 p622—631。

们可以看出，生物的某些行为变异在某种条件下（如食物匮乏时）对个体有益，而在相反条件下（如食物充足时）又对个体无益。这也提示我们，所有物种显而易见的行为变异都是非常复杂的。在我列举的每一个研究案例表象背后似乎都有一个复杂的"银河系"，但这并不代表这些研究仅仅是看到了事实的表面，而是提醒我们，随着科学家们更加深入地研究，更多的相互关系将被揭示，也更能使人们理解所有生命个体的生活和生命过程都是无比复杂的。此外，这项研究中行为变异的结果（后代的数量不同）与食物丰富度的相关性随时间而变化，这也提示我们要对经由野外生物世界研究获得的短期数据多存质疑。你今天或这个季节看到的现象，也许在明天或下一个季节就会发生颠覆性的改变。对野外生物世界的研究不能仅为了获得博士学位而将其缩放到某一时间段进行，而应该拓展到获得该物种生活史的全部事实 ❶，甚至开展需要几代人来完成的研究课题。

---

❶ 博物学家兼作家巴里·洛佩兹（Barry Lopez）曾说过，要获得关于自然世界的真相，即对给定生态系统的全面认识和理解，需要大量的时间和精力，往往比我们理解文明需要更多的时间和精力，对短期内文明的探究也是可以接受的。进化生物学家约翰·A. 恩德勒（John A.Endler）也曾出于这个原因呼吁要对自然世界进行更全面、更长期的实地研究（参见约翰·A. 恩德勒的著作 *Natural Selection in the Wild*，p247，新泽西州普林斯顿：普林斯顿大学出版社，1986 年出版）。我很高兴地告诉大家，许多现代的研究已做到了这一点，而且还是代代相传的。例如，许多关于黑猩猩和大猩猩行为的研究已经进行了 40 多年。参见巴里·洛佩兹 2001 年发表于 *Orion* 杂志的 *The Naturalist* 一文，可访问 http://www.orion magazine.org/index.php/articles/article/91/。

变异之源

显然，从生物个体的种种物理特征、DNA 分子的组成到机体的表型，都存在变异。我们没有看到很多克隆体。❶不仅如此，个体的行为也会变异，这些都是事实。确实，找到任何两个表型或行为完全相同的生物是件极富挑战的事。变异是自然界的常规法则。

那么，这些变异是从哪里来的呢？第二章中，我们看到生命起源的增殖子必须具有自我复制的能力，可以说 DNA 就具备这一能力，它能够制备自身高保真度的复本。然而，出色并不代表完美无瑕，还有很多能够影响 DNA 序列的随机事件可以导致子代不同于它的父母和同胞。最后，DNA 复制的生物学过程中也会发生变异。下面就让我们看看这些变异机制。

重组

在第二章中，我们理解了生物有两种基本的生殖方式。无性生殖是一种出芽的过程，即子代直接从亲本上分裂而来。在本章中，本书总结的无性生殖的主要特征为子代通常是接近于亲本的复本，这也是目前自然界中尚存的克隆体（我想说，其实

---

❶ 本书将在第八章中重新讨论变异的普遍性问题。在这里，我们仅探讨在过去几十年里微生物生活史中已经发现的变异的许多来源，甚至包括一篇题为 *How Clonal Are Bacteria?* 的论文。该论文发表于 *Proceedings of the National Academy of Sciences of the United States of America* 杂志，1993 年第 90 期，p4384—4388，作者：J. M. 史密斯（J. M. Smith）等。

这并不多），它们仅存在于无性生殖的世界中。这类生物的亲本DNA相对简单，通过细胞复制和增殖，产生接近于自身复本的子代。尽管无性生殖的生物也存在变异，但是相比于有性生殖的物种，变异要少得多。探究有性生殖变异原因最好的方法是去理解有性生殖个体中产生变异的源泉，即 DNA 重组。

我们知道，有性生殖的物种，机体由两种细胞组成，即体细胞（如组成神经、头发和肌肉的细胞）和性细胞（配子）。重组是这些性细胞（雄性的精子和雌性的卵子）产生过程中，即配子生成时，父母 DNA 的重新组合。配子生成时，雄性个体遗传自其父亲和母亲的 DNA 会发生重组，其分别来自父亲和母亲的染色体会彼此贴近并发生 DNA 片段交换。然后这些染色体携带着重组的变异 DNA 进入精子。同样的重组也会发生在雌性个体产生卵子的过程中，雌性个体遗传自父本和母本的 DNA 之间发生交换重组，卵子所携带的是重组后的变异 DNA。其中需要说明的是，雄性精子和雌性卵子均只具有构成子代一半的 DNA。因此，在这个状态下，精子和卵子都被称为单倍体细胞。

接下来会怎么样呢？发生交配（我们在第二章已经见识了这个复杂的过程），一个精子与一个卵子融合。当精子进入卵子后，染色体再次融合，分别来自父本和母本重组的 DNA 发生连接。这个阶段的细胞被称为合子，是一个同时携带来自父本和母本遗传物质的二倍体，不再是含有一半遗传物质的单倍体。之后，全部的重组 DNA 就能够编码形成子代。基于此，重组的结果就是子代个体变异，它既不同于它的亲本，也常常与自己的兄弟姐妹不同。这就与无性生殖的世界形成了鲜明的对比，无性生殖中，子代几乎是亲本的复制品，通过出芽的方式生自亲本的机体。

因此，有性生殖的生物都是通过 DNA 重组产生变异的，如人类、许多花（花粉为其雄性配子，通常依赖于昆虫携带到雌花花蕊）以及所有我们家养的生物。这些生物个体之间不同就是因为其 DNA 已经重组，不是亲本 DNA 的复制品。接下来，在理解变异对生物生存和进化具有重要意义之前，我们再来简单地看一下无性生殖的个体。

如果无性生殖的个体不重组它们的 DNA，其 DNA 仅是自我复制。那么无性生殖生物的世界中是如何产生变异的？有两种方式：突变和水平基因转移。其中，第一种方式突变对有性生殖的生物也至关重要。

突变和水平基因转移

提到突变，大多数人对它的印象往往是负面的。谈及"突变"，人们就会想到科幻小说里能够一夜之间长出苍蝇头和四肢的疯狂科学家。但在生物学领域，一个突变只是一个变异，无论这个变异对生命是有益的、有害的，又或者是没有实际影响的。本书下一章会继续介绍这种突变产生的后果，这里不再赘述。

无性生殖生物发生变异的另一个方式是水平基因转移。这是个奇妙的现象，例如，细菌直接从其他物种"摄取"DNA，甚至不经复制过程，而是直接整合到自己的 DNA 中。可以想象一下，如果有性生殖的生物开始直接融合其他物种的 DNA，而且整合后的 DNA 会遗传至后代，世界会变成什么样？也许你会见到一个生有苍蝇头的人类。在第八章中，我们也会理解细菌或其他生物如何整合这些瞬时的 DNA 片段。就目前而言，我们只要明白已知的无性生殖个体产生的子代（被我称为复制品），实际上与其亲本和同胞也不尽相同即可。

因此，无论有性生殖还是无性生殖，变异都是自然世界中的事实。我们已经理解各种各样的变异，以及这些变异的各种来源，在第四章中我们将看到这些变异产生的结果。表 3 总结了遗传变异的一些主要来源。

表 3 变异产生的主要途径

来源	机制	示例
基因重组	有性生殖个体产生下一代前的基因重排	精子产生前，雄性个体的 DNA 发生重排；卵子产生前，雌性个体的 DNA 发生重排；从而子代遗传获得重组后 DNA 编码的性状
水平基因转移	机体直接从环境中摄取新的 DNA	DNA 在不相关的物种之间来回转移；大量发生在微生物物种中
DNA 的力学特征	DNA 分子的短暂力学形变影响碱基对	DNA 链"摆动""弯曲"或者"滑动"使得碱基 G 代替碱基 T
诱变剂	物理或化学物质直接改变 DNA	X 射线可能会使两个 T 碱基异常偶联；辐射能量可以直接打断 DNA 链；碱性条件能够解离 DNA 双链成单链
增添或缺失	DNA 序列中增添或缺失非密码子倍数数量（即 3 的倍数）的碱基对	如缺失第一个 A，基于三联体密码子的 JIM ATE THE FAT CAT 即变为 JIM TET HEF ATC AT
迁入	种群中引入新的遗传物质	一个种群开始和新发现的同物种种群发生交配，从而引入新的遗传物质到已有的"基因库"

变异的限制因素

尽管子代和亲本、子代和其同胞之间存在很多变异，但很明显这些变异并不是无限的。如，大象的耳朵可能大小不一，但是没有人耳大小的大象耳朵，而且也不会有长翅膀的大象。事实上，一个个体与其亲本或同胞的差异有一些相当严格的限制。如我们经常在周围看到的，苹果通常不会掉得离树太远。

表 4 总结了变异的主要限制因素。

表 4　变异产生的主要限制因素

来源	机制	示例
演化中 / 构建计划	DNA 序列以一种"惯性"的模式整合成复杂而完整的密码子	个体基因组不会贸然出现大规模不同的 DNA 序列。子代和父母及同胞具有极其相似的体型
发育限制	个体发育的某些关键阶段很少发生变异	循环系统（心脏）或神经（大脑）发育过程中产生的变异对个体多是致死性的
DNA 修复	DNA 密码子发生改变后，DNA 水平恢复原有碱基序列的过程	生物酶切除损伤的 DNA 片段，并合成原本的序列
奠基者效应	一个新形成的物种小种群具有较低的遗传多样性，并且其后代也具有较低的生物多样性	来源于原大陆的物种，所形成的岛屿新种群通常遗传多样性较低
自然选择限制变异	个体的变异在自然环境中不能够遗传给下一代	无翅膀的昆虫、盲蛇
近亲杂交种群	近亲杂交种群遗传多样性低，而且后代易畸形	家兔的农场主们知道，高度的遗传多样性是避免兔子种群出现致命变异所必需的。所有的人类文明都有关于乱伦的禁忌

演化史

变异的主要限制之一就是生物的演化史。如我们在第二章中理解的，每个个体都由遗传自其亲本的 DNA 编码构建。既然构建其基本身体形态的 DNA 来自亲本，而且是具有相似形态的亲本，代代相传，那么我们很快就可以追溯至每种生物的很多代之前，由此也可以很明显地看出，每种生物的基本形态结构都来自同一个独特的 DNA 序列。就人类来说，基因组中 30 亿个 A、C、G 和 T 在繁衍健康的后代时，不能随意重组。DNA 的碱基排列方式至关重要。为了编码构建一个健康的子代，任何一个物种的 DNA 都不会发生大规模、快速的重组。因此，许多变异都相对较小，仅是 DNA 序列中这里或那里增添或缺失一个碱基对，使个体形态上产生相对小的变化。

种植农作物和饲养动物是人类几千年来赖以生存的手段，这些也是佐证生物的演化史是其后代产生变异的制约性条件的依据。如果人们饲养的两只绵羊，繁衍成了鬣狗或是蝙蝠，我想人类肯定早就放弃了动物饲养。因此，很显然，仙人掌的 DNA 仅编码仙人掌的基本形态，猫的 DNA 仅编码猫的基本形态。

话虽如此，但在继续下一个话题之前，我必须陈述一个新的重要事实。尽管前文说过不同的物种都有自身基本的基因组序列（即每种生物都有自身特定的基因库，如狗基因组不同于海参基因组），然而，科学研究已发现所有动物共有几百个"永生的基因"，这些基因负责编码构建动物特定的形态结构。过去通常认为，不同种类的动物由不同的基因编码构建，直觉上合情合理。然而，正如进化生物学家肖恩·B.卡罗尔（Sean B. Carroll）所言："所有的动物，不论外观区别多大，都共有几个调控机体主要结构形态的基因家族。"[1]我们将在第六章详细解释这一重要事实。在这里，我想强调的是，尽管动物之间共有很多相同的基因，也不能否认生物演化史的重要性。

传承一词也诠释了生物演化史的重要意义。传承是指所遗传物质的一个有机整体，正如我们前面讲到的，物种所遗传的是其亲代特定的重组 DNA。正因为这个 DNA 在很大程度上具有物种特异性，因此所有生物都或多或少地类似于亲本。

DNA 遗传一个更有趣的暗喻是 "*bauplan*（构建计划）"，德语单词 *bauplan* 原意为一份蓝图。[2] 这个概念是由进化论科学家斯蒂芬·杰伊·古尔德和理查德·路翁亭于 1979 年引入现代生

---

[1]　参见论文 *Endless Forms: The Evolution of Gene Regulation and Morphological Diversity*，发表于 *Cell* 杂志，2000 年第 101 期，p577—580，作者：S. B. 卡罗尔（S. B. Carroll）。

[2]　斯蒂芬·杰伊·古尔德（Stephen Jay Gould，1941—2002）和理查德·路翁亭（Richard Lewontin，1929—）并非偶然地选择了这个德语术语。德国生物学对进化中这类微妙之处的考量是有着很长的历史积淀的，这类微妙之处在美国和英国生物学中更机械化、原子化的生命概念中明显缺乏。这种日耳曼式生命和宇宙的 "有机" 概念甚至在生物学之外也产生了诸多影响。例如，在 R. 霍尔梅斯（R. Holmes）的 *The Age of Wonder: How the Romantic Generation Discovered the Beauty and Terror of Science*（纽约：Pantheon Books 出版社，2009 年出版）一书中可以看到它对天文学的影响。

物学的。❶这可以说是两位科学家向他们眼中固化的生物思维世界扔的一枚手榴弹。古尔德和路翁亭说道："生物学家们过于自信地认为生物的每个性状都是为特定的功能而生。事实上，并非完全如此。霸王龙的前臂便没有特别的功能，而只是某些远古时代的遗迹（即遗留物，或进化上的顽固分子）。它之所以继续存在源于演化上的传承，尽管随着时间推移，霸王龙生活环境发生了改变，其前臂也失去了原有的功能，但其 DNA 蓝图仍旧是构建一个含有前臂形态的霸王龙。

不过，我们不必去化石床找寻这个古生物个体蓝图的证据，因为还有其他的佐证。如人类的耳朵，虽然基本上不可动，而且人类生存也不依赖于耳朵的活动特性，但它却长着可以支撑活动的肌肉，这也是人类残留至今的性状，是进化的传承（即所谓的蓝图），而非现代生活中特定功能所必需的性状。当然，如果我们把一些异常现象一并考虑的话，那么问题会变得更加复杂。这些异常状况中，一些不再具有功能的性状能够随着时间的推移继续保留下来的原因是它们具有了新的功能。但为什么一个不再具有特定功能的性状仍能够传承下来？原因很多，其

---

❶ 参见论文 *The Spandrels of SanMarco and the Panglossian Paradigm: A Critique of the Adaptationist Programme*，发表于 *Proceedings of the Royal Society of London* 杂志，1979 年 B 卷第 205 期，p581—598，作者：古尔德和路翁亭。值得注意的是，受当时技术所限，古尔德和路翁亭写作的时间较基因组可被检测的时间早了至少 10 年。甚至 12 年后，古尔德写到不同 DNA 基础时，仍然只是用了 "只是模糊地被理解"（参见古尔德发表于 *Paleobiology* 杂志，1991 年第 17 期，p411—423 的论文 *The Disparity of the Burgess Shale Arthropod Fauna and the Limits of Cladistic Analysis*）。如今，正如我们在整本书中看到的一样，DNA 基础是可获得的，并且是值得深入研究的对象（参见本书第八章）。

中一个重要的原因是这些性状和其他功能性状有着基因上的关联，基因继续存在，它们自然不会轻易消失。

这个"蓝图"的概念强化了我们在第二章中理解的一个基本事实，即子代看起来常常与它们的父母和同胞相似。然而，如我们在这一章看到的，个体常常与其父母及后代不同，它们之间存在变异。本书将在下一章探讨变异的重要性，现在，我们继续来看更多限制变异的条件。

身形限制

任何物种都必须面对生存世界的现实情况。如果一只鸟想要飞，它的翅膀就必须能提供足够的提升力，鸟的自重不能超负荷，并且需要发达的肌肉来支撑翅膀和其他组织。像这样的身体条件限制存在于每个生物中，也已形成了一系列难以跨越的"界线"。如果一个个体想要存活，其变异必然不能超越这一界线。

蜂鸟在空中悬停就是一个很好的例子。这种飞行行为是生物最耗能的一种飞行方式，因为在这个过程中，蜂鸟只能靠拍打自身翅膀发力来维持悬停，而不能借助气流或自身的前冲力。为了能够在空中悬停，蜂鸟必须具备强有力的翅膀肌肉（提供大部分力度的胸肌约占蜂鸟体重的 25%），同时要维持低体重。较小蜂鸟的翅膀肌肉也相对较小。这些肌肉能够帮助蜂鸟在空中悬停，但由于重量限制，这些肌肉仅够为悬停提供能量，没有富余。此外，有研究显示蜂鸟的翅膀长度与其体重具有显著的相关性，道理显而易见，翅膀要发挥作用，必然具备某些特性。任何变异都可能是致命的。❶当然，也有一些例外，有时一些个体出生时或在生长过程中出现了某些超出界限的性状，但是控制这些性状的基因不会遗传给后代。本书将在第四章探讨这个问题的原因，此时我们需要理解的是：生物的身形特征常常会限制变异的发生。

发育限制

前面我们一直研究的是成年生物个体的变异，但我们知道生命都是从早期发育开始的，如仅有几个细胞的时期。事实证明，生物的发育过程也会限制某些变异的发生。换个说法，在某些重要的发育时期，生物不可能发生变异，因为这些变异将中断个体的发育，进而引起个体死亡。

例如，一份发育早期基因序列的分析报告显示：普通小鼠（ *Mus musculus*，大约有 26 个发育期）和斑马鱼（ *Danio rerio*，大

❶ 参见论文 *Flight and Size Constraints: Hovering Performance of Large-Hummingbirds underMaximal Loading*， 发 表 于 *Journal of Experimental Biology* 杂志，1997 年 第 200 期，p2757—2763，作 者：P. 猜（P. Chai）和 D. 米勒德（D. Millard）。可访问 http://jeb.biologists.org/cgi/content/abstract/200/21/2757。更有趣的是，蜂鸟不仅在翅膀向下拍打时产生提升力，而且在翅膀向上拍打时也产生提升力，后者提供了总提升力的四分之一。参见 D. R. 沃里克（D. R.Warrick）、B.W. 托巴尔斯克（B.W. Tobalske）和 D. R. 鲍尔斯（D. R.Powers）发表于《自然》，2005 年第 435 期，p1094—1097 的论文 *Aerodynamics of the Hovering Hummingbird*。也可在 D.J. 韦尔斯（D.J.Wells）发表于 *Journal of Experimental Biology* 杂志，1993 年第 178 期，p39—57 的论文 *Muscle Performance in Hummingbirds* 中看到对此的更多描述。

约有 14 个发育期）的早期发育较其后期发育更不容易发生变异。[1]
生物发育的早期发育阶段包含了太多至关重要的发育过程（如个
体器官的发育），以致在这个时期产生变异的个体常无法存活很
长时间。生物学家路易斯·沃尔珀特（Louis Wolpert）曾说过："不
是出生、婚姻或死亡，原肠胚的形成才是生命中最重要的时刻。"[2]

甚至在个体早期发育和出生后，生物的某些表型仍会发生
改变。例如，魔蝗（*Romalea microptera*）的成年雌性个体一旦开
始产卵，其体内多种激素含量就会发生变化，进而影响其产卵
行为。在这个过程中，变异发生的概率比年幼时低很多。通过
这个复杂的案例也可以看出，生物在其生命周期内既可以发生
变异，也能够限制某些变异的发生。[3]

DNA 修复

除此之外，编码形成机体的 DNA 分子也不是消极面对损伤。
正如我们在第二章中理解的，DNA 不仅编码合成机体的蛋白质，
也能编码多种用于催化反应的酶，其中一些酶就具有 DNA 损伤

---

[1] 参见论文 *Dynamic Reprogramming of DNA Methylation in the Early
Mouse Embryo*，发表于 *Developmental Biology* 杂志，2002 年第 241 卷
第 1 期，p172—182，作者：F. 桑托斯（F.Santos）等。

[2] 参见论文 *Developmental Constraints on Vertebrate Genome Evolution*，
发表于 *PLoS Genet* 杂志第 4 卷第 12 期，作者：J. 劳克斯（J. Roux）
和 M. 鲁滨孙 – 雷查维（M. Robinson–Rechavi）。可访问 doi:10 .1371/
journal.pgen.1000311。

[3] 参见论文 *Plasticity and Canalization in the Control of Reproduction
in the Lubber Grasshopper*，发表于 *Integrative Comparative Biology* 杂
志，2003 年第 43 期，p635—645，作者：J. D. 哈特莱（J. D.Hatle）、
D. W. 博斯特（D. W. Borst）和 S. A. 朱利安诺（S. A. Juliano）。

修复的功能。例如，当 DNA 的一些碱基对，即 A、C、G 和 T
受损伤改变时，特定的酶将切开碱基发生改变的一侧 DNA 链，
然后切除受损的片段，再以另一条链的碱基为模板修复合成原
本的碱基，并连接切口位置。

当 DNA 双链遭遇某些辐射后，双链或其中一条链发生断裂，
也会有类似的修复过程来进行 DNA 修复连接。迄今为止，科学
研究已经发现人类基因中有超过 300 个基因参与 DNA 损伤修
复。接下来，伴随着科学家对人类和其他物种基因组的深入研
究，必将发现更多参与 DNA 修复过程的基因。[1]这里我想说的是，
DNA 修复确实可以减少一个生物个体的遗传变异数量。[2]

---

❶　参 见 *DNA Repair and Mutagenesis*，E. C. 弗 里 德 伯 格（E.
C.Friedberg）、G. C. 沃 克（G. C. Walker）和 W. 赛 德（W.Seide）
著（华盛顿，哥伦比亚特区：ASM 出版社，1995 年出版），另参见
1994 年 12 月 23 日出版的《科学》中刊发的多篇文章。

❷　另一篇关于变异限制的综述，其中包括低种群规模、低突变率以
及基因型和由它所构建机体的"固化"或"渠化"（如在一条狭窄的运
河中，水流只向一个非常特定的方向流动），参见 M.W. 布洛斯（M.W.
Blows）和 A. A. 霍夫曼（A. A. Hoffman）发表于 *Ecology* 杂志，2005
年 第 86 卷 第 6 期，p1371—1384 的 论 文 *A Reassessment of Genetic
Limits to Evolutionary Change*；关于变异限制的内容也可参见 S. J. 阿
诺德（S. J. Arnold）发表于 *American Naturalist* 杂志，1992 年第 140
卷增刊第 1 期，p85—107 的论文 *Constraints on Phenotypic Evolution*|；
在果蝇的翅膀供血模式中存在一个"渠化"的例子，在过去超过五千万
年的时间里，果蝇翅膀上有 5 条长的水平血管（从翅膀靠近身体侧的
起点到翅膀的顶端）供血模式为多条垂直走向的血管供血，这一现象在
23 种不同物种的 2774 个个体中都有发现，这些个体遍布雨林到沙漠
各地。详细内容参见 T. F. 汉森（T. F.Hansen）和 D. 霍尔（D. Houle）
撰写的文章 *Evolvability, Stabilizing Selection, and the Problem of Stasis*，
收录于 *Phenotypic Integration: Studying Ecology and the Evolution of Com-
plex Phenotypes*，p130—150，M. 皮柳奇（M. Pigliucci）和 K. 普雷斯顿
（K. Preston）合著（牛津：牛津大学出版社，2004 年出版）。

种群层面的变异限制

到目前为止，书中所谈及的都是对特定生物的特定个体中变异数量的限制。正如下一章即将讲到的，出于多方面原因，我们也必须考虑一种生物的整个种群，这样的群体通常被称为物种，本书第五章将进行详细探讨。此时我们先来理解许多种群层面的变异限制过程也能降低一个物种中个体的遗传变异概率。

遗传漂变：奠基者效应与种群瓶颈

第一个种群层面的变异限制过程即为遗传漂变，这个术语恐怕会再次引发争论，因为人们对该术语的定义已经进行了多次更新。

目前，科学界对此所形成的共识为：遗传漂变是物种基因库中基因的随机变化。也就是说，遗传漂变不是自然选择的一个结果，也不是系统改变某一物种的其他变异过程，而是某些随机变化的结果。

奠基者效应就是一个典型的遗传漂变案例，即一个物种中为数不多的个体在新的地域建立起来一个新的种群，这些个体为其繁衍的后代提供基础基因。

例如，假设一种鸟占据了某大陆的所有领地，而其中的一小群鸟因一场风暴被带到了一个遥远的岛屿，这一小群鸟在该岛屿上建立了新的种群，这个新种群奠基者的基因将决定其后代的基因特征。

如果新种群后代没有与原大陆种群的个体发生交配，那么这个新种群奠基者的基因便十分重要。

事实上，许多关于奠基者效应的研究都是基于对岛屿上一些物种的种群完成的，这些物种都是从其他大陆板块上经由远距离迁徙或其他偶发自然事故聚集而来的。一篇针对一百多种岛屿哺乳动物、鸟类、爬行动物、昆虫和植物物种遗传多样性的综述显示，岛屿物种的遗传变异概率较与其对应的大陆物种低约30%。[1]

还有一个类似的案例，1921年，俄亥俄州立大学学生弗雷达·德默斯（Freda Detmers）在俄亥俄州七叶树湖中占地约6.9hm^{2}的蔓越莓岛上，种下了一株猪笼草（Sarracenia purpurea）。在此之前，这个岛上从未有过猪笼草。到20世纪70年代中期，岛上的猪笼草郁郁葱葱，数量已超十万株。植物学家K. E. 施韦格尔（K. E. Schwaegerle）和B. A. 沙尔（B. A. Schaal）对此进行了奠基者效应研究，他们比较分析了蔓越莓岛上猪笼草种群和附近5个州其他猪笼草种群的遗传多样性。结果发现，蔓越莓岛上猪笼草种群的遗传多样性明显低于周围其他州的猪笼草种群。

奠基者效应也常见于一个种群个体数量急剧减少后残存的种群中。例如，当植物生态系统崩溃，植物种群个体减少，由

---

[1] 参见论文 Do Island Populations Have Less Genetic Variation Than Mainland Populations，发表于 Heredity 杂志，1997 年第 78 期，p311—327，作者：R. 弗兰克姆（R. Frankham）。

此引发的种群瓶颈会大大减少遗传变异的发生。[1] 当前世界中的猎豹种群具有非常低的遗传变异性，个体之间也非常相似，有科学家推测该奠基者效应是由约一万年前和 20 世纪发生的两次猎豹种群瓶颈所造成的。[2]

迁移

新的基因可以随着外来生物个体迁移进入物种的基因库，但是既然我们此处讨论的是变异的限制，就要反向思考问题，即基因从物种种群移出。例如，在大猩猩的种群中，当个别雄性个体开始热衷于求偶活动，并有可能会威胁到种群中占统治地位的银背大猩猩的地位时，这些雄性个体就会被踢出种群。

---

[1] 参见论文 *Genetic Variability and the Founder Effect in the Pitcher Plant Sarracenia purpurea L*，发表于 *Evolution* 杂志，1979 年第 33 卷第 4 期，p1210—1218，作者：K. E. 施瓦格尔（K. E. Schwaegerle）和 B. A. 沙尔（B. A. Schaal）。种群瓶颈在科学上得到了充分的认知，但事情并不总是那么简单，一篇题为 *The Population Genetic Consequences of Habitat Fragmentation for Plants* 的论文指出："最近的实证研究结果表明，虽然遗传变异可能会随着种群规模的减小而减少，但并非所有的生境破碎事件都会导致基因的损失和不同类型的遗传变异……可能会造成不同的效果。"该论文发表于 *TREE* 杂志，1998 年第 10 卷第 11 期，p413—418，作者：A. 永（A.Young）、T. 博伊尔（T. Boyle）和 T. 布朗（T. Brown）。

[2] 参见论文 *Dating the Genetic Bottleneck of the African Cheetah*，发表于 *Proceedings of the National Academy of Sciences* 杂志，1993 年第 90 卷第 8 期，p3172—3176，作者：M. 梅诺蒂 - 雷蒙德（M.Menotti-Raymond）和 S. J. 奥布莱恩（S.J.O'Brien）。也可参见论文 *Genetic Basis for Species Vulnerability in the Cheetah*，发表于《科学》，1985 年第 227 卷第 4693 期，p1428—1434，作者：S. J. 奥布莱恩等。

这样，它们所携带的所有遗传变异特征便不再是该种群的一部分。

自然选择

另一个减少种群遗传变异数量的因素是自然选择，我们将在下一章详细讨论这一事实。此时，我们简单点说，当一个物种的个体传承自身的基因到下一代时，自然选择可以有效地消除这个过程中基因库可能出现的很多变异。当一个有害的变异（包括行为、解剖学、发育或其他任何我们在这一章理解的变异）出现时，不会发展成为种群普遍存在的变异，这种现象也会减少种群遗传变异的数量。因此，自然选择也可以限制变异的发生。

进化论中的变异

你懂的！我们能够直接观察到变异，无论这个变异是可遗传的还是不可遗传的，也无论是 DNA 水平还是机体的表型变异，甚至是个体的行为变异。物种不同，变异也不尽相同，这些都是毋庸置疑的事实。此外，我们不仅知道变异时时存在于我们周围，也理解了一些变异产生的来源以及限制变异发生的因素。我们也因此明白了为什么会发生变异以及如何阻止变异发生。

至此，我们理解了增殖和变异都是不容辩驳的事实。在下一章，在自然选择的世界中，我们将看到这些变异可能是"制造区别的差异"。

第四章　选择的真相

　　许多物种一定已经消亡了，不再能够繁衍后代。因为，万物从出现的时候开始，技艺、勇气或速度都被禁止和保持在特定的种群中。

——卢克莱修:《物性论》❶

---

❶　参见 *On the Nature of the Universe*。

我们已经理解，遗传信息丰富的 DNA 使得生物酷似亲代的高保真复制品。然而，我们也明白，酷似只是看起来非常像，并不是对亲代完全的复制，而是存在变异。这些都是可见的事实。下面，我们来探讨自然界参与进化过程的第三个可视的真理，即选择的真相，一个变异事实的简单后果。

自然选择

很好理解为什么"自然选择"这个词组常被误解。首先，很多人认为"选择"意味着一个挑选者，即某人或某物，做出了一个选择，本章将明确这是非常错误的一种理解。其次，"自然"一词蕴含着会有非自然选择。人类的饲养和培育工作直接引导了很多植物和动物的进化过程，但人类也是自然界的产物，所以自然一词并非不可或缺。❶ 如此一来，只有"选择"被保留。❷

---

❶ 就目前而言，我愿自负后果地肯定我忽视了最近关于合成 DNA 的进展情况，可参见 *Craig Venter Creates Synthetic Life Form* 一文，可访问 http://www.guardian.co.uk/science/2010/may/20/craig-venter-syntheticlife-Form。

❷ 在本书中，笔者使用了一些实用的术语来阐述当前问题的本质，任何一点都值得详细研究。关于自然选择，我获得了几个很好的定义的指导，但这些定义太过专业以致不适合收录本书中，但我还是决定在此提及。在 *Natural Selection in the Wild* 的 p4—6 中，约翰·A. 恩德勒提出：自然选择是能够影响个体适应度的种群遗传性状随时间推移而改变的过程。在 *Natural Selection*（牛津：牛津大学出版社，1992 年出版）一书中，乔治·C. 威廉斯（George C.Williams，1926— ）指出：自然选择是一个校正反馈系统，有利于那些接近生态位最佳组织的个体。在 *Evolutionary Biology*（马萨诸塞州雷丁：Addison-Wesley 出版社，1983 年出版）的 p82 中，伊莱·C. 明科夫称自然选择为"遗传变异对下一代的不同贡献"。可以列举更多，但正是基于以上三种定义，出于多种原因，我在本书中陈述了自己的观点。

选择是指并非种群所有的个体都有相等数量的后代。某些个体没有后代，某些只有少量，而其他个体有很多后代，这个现象也是我们经常看到的事实。然而，当考虑到人类自身的情况时，我们似乎很难相信这一点。我们看到拥有卓越医疗条件的发达国家中，孩子的存活率非常高。但当我们的视线移向人类以外的自然世界中时，选择的事实随处可见。

许多生物不是仅产生一个或两个，而是数千个乃至数百万个子代，而其中绝大多数子代个体不能存活下来。例如，据统计只有 1/1 000 的海龟宝宝能够存活并繁衍后代。[1] 再看看橡果的情况，一项对加利福尼亚州森林地区橡果的调查研究发现，该地区 23 000 颗橡果中有 99% 的个体由于腐烂或其他原因而不能长成橡树。[2] 类似的例子举不胜举，北极熊的幼崽只有一半能够活到其平均的繁育年龄（5 年左右）[3]，一项对莫哈维沙漠乌鸦的调查报告显示，该地区乌鸦的存活率约为 50%。[4]

---

[1] 参见论文 *Sea Turtle Conservation and Halfway Technology*，发表于 *Conservation Biology* 杂志，2003 年第 6 卷第 2 期，p179—184，作者：N. B. 弗雷泽（N.B.Frazer）。

[2] 参见 R.A. 斯韦策（R.A.Sweitzer）和 D.H. 万·维伦（D.H.Van Vuren）2002 年发表于 *USDA Forest Service General Technical Report PSW-GTR-184* 上的文章 *Rooting and Foraging Effects of Wild Pigs on Tree Regeneration and Acorn Survival in California's Oak Woodland Ecosystems*。

[3] 参见论文 *Polar Bear Denning and Cub Production in Svalbard, Norway*，发表于 *Journal of Wildlife Management* 杂志，1985 年第 49 卷第 2 期，p320—326，作者：T. 拉森（T. Larsen）。

[4] 参见论文 *Common Raven Juvenile Survival in a Human-Augmented Landscape*，发表于 *Condor* 杂志，2004 年第 106 期，p517—528，作者：W. C. 韦布（W. C. Webb）、W. J. 博尔曼（W. J. Boarman）和 T. 罗滕贝里（T. Rotenberry）。

就进化而言，我们看到了选择的事实：每个物种出生时的子代个体数量远远多于能够繁衍后代的子代个体数量。同时，即使是都能够繁衍后代的子代，其繁衍的后代个体数量也不尽相同。这是为什么呢？

答案包含在本书前面讲述的内容中。事实上，选择是增殖和变异的结果。回想一下我们在第二章中所理解的，子代由来自亲本的 DNA 编码构建，是亲本的复本。但在第三章我们又了解到，源于种种原因，子代并不完全等同于亲代的复本或其同胞。准确地说，子代并非克隆，而是会有或多或少的变异，这是自然规律。那么，为什么只有一部分子代存活下来并繁衍后代？是哪些子代可以存活下来呢？我们可以用一个答案同时回答这两个问题，即存活下来的子代是更能够适应其生存环境的个体。这些个体所携带的变异使得它们的生存能力略有优势，拥有后代的可能性略有增加。这无疑会让人想起"适者生存"，同时也引出了"适应度"这个词。理解了适应度，自然选择将随之明了。❶

适应度

"适应度"一词用途广泛，之前有一篇关于该词汇的综述，

---

❶ 1872 年，在最具权威的《物种起源》（第六版）中，达尔文第一次使用"适者生存"这个术语，并将其作为第四章的标题，第六版较第一版晚了 13 年。该术语来自英国著名知识分子赫伯特·斯宾塞（Herbert Spencer, 1820—1903）。

文中详细列出了它的 28 种不同含义。[1] 总的来说，适应度是指一个生物个体传递其 DNA 遗传物质到下一代的可能性。

能够传承基因即意味着一个个体要存活至其成年，并能够找到交配对象完成交配进而繁殖出健康的后代。一个物种中拥有高适应度的个体较其他个体有更大的机会去完成这一系列过程。

进化生物学家约翰·A.恩德勒列举了适应度的五个简短定义，并指出每一个定义都与个体繁衍后代的可能性或所产生后代的数量密切相关：

1. 个体繁育的能力。
2. 个体对种群基因库的贡献力。
3. 个体基本表型对环境总体的"适应性"。
4. 个体对生活环境改变的适应能力。
5. 个体保留自身基因长期存在的可能性。[2]

---

[1] 关于"适应度"一词的 28 种稍微不同的定义，请参见 R.E. 米乔德（R.E.Michod）撰写的 *Darwinian Dynamics: Evolutionary Transitions in Fitness and Individuality*（新泽西州普林斯顿：普林斯顿大学出版社，1999 年出版），p222—225，附录 B，其中包括 T. 多布赞斯基（T.Dobzhansky）的精彩表述，他将适应度与"生物体在环境中生存和繁殖的能力"相联系（见 p223）。米乔德所说的"预期的成功繁殖"也与个体传承自身基因到下一代的可能性相关，而这是个体适应度问题的关键（见 p176）。在理查德·道金斯的著作 *The Extended Phenotype: The Gene as the Unit of Selection* 中的第 10 章也有关于适应度的讨论内容。

[2] 参见约翰·A.恩德勒的著作 *Natural Selection in the Wild* 中的 p33—51。

此外，我认为理查德·道金斯对此解释得最清楚，他说："适应度是指一个个体成功成为后代鼻祖的可能性，或是其成为鼻祖的能力。"[1] 因此，适应度是一个概率数字。我喜欢将其视为未来遗传前景的"宇宙赌注"，即繁衍后代的可能性。

是什么造就了个体的适应度呢？这个问题一直没有统一的答案。对于使用回声定位来寻找食物的海豚来说，如果亲本传承的基因使得一个个体比其他个体具有更佳的听觉结构以及更优的听力，那么就意味着这个个体的适应度数值较高，因为较好的听力能够帮助海豚个体更容易地找到食物维持健康的身体，自然更有可能找到交配对象并育有后代，从而确保优良的听力基因在种群中传承下去。[2] 在本章甚至全书中，我们能看到很多个体适应度变异的例子。基于上一章所述的物种种群变异的不同种类和来源，我们将适应度理解为个体繁衍后代的可能性概率。

总而言之，增殖创造了新的生命，但这些生命各不相同，不同的变异使得生命个体有了不同的适应度，这些都是我们日

---

[1] 参见理查德·道金斯的著作 *The Extended Phenotype: The Gene as the Unit of Selection*，p185。

[2] 令人难以置信的是，盲人已经学会使用回声定位来帮助他们四处走动。参见 *Echolocation Allows Blind Humans to 'See'* 一文，可访问 http://dsc.discovery.com/news/2009/07/07/humanecocation.html。关于鲸鱼回声定位的一个例子，可参见论文 *Bisonar Performance of Foraging Beaked Whales (Mesoplodon densirostris)*，发表于 *Journal of Experimental Biology* 杂志，2005 年第 208 期，p181—194，作者：P. T. 马德森（P. T. Madsen）等。

常生活中显而易见的事实。

在继续探讨之前，我们先来解释两个问题。

首先，大家或许听过或读过针对进化论的反对言论，这些言论声称"适者生存"一词是同义反复，是一个循环推理的理论。同义反复的一个典型例子为"所有的单身汉都是未婚的"，将未婚男人都称为单身汉便是循环推理。同样的道理被用于"适者生存"。为什么这样说呢？因为生存下来的个体即被称为"适者"。但是这个言论很快就被进化生物学家伊莱·C. 明科夫推翻，他说道："根据这一言论，'适者'仅仅是生存下来的个体，那么'适者生存'就变成了同义重复的'生者生存'。但是达尔文从未表述过此意，他只是说某些变异会给个体带来优势，而另一些变异对个体的生存是不利的。"[1] 换句话说，达尔文观察到了某些个体较其他个体有更高的适应度，拥有更大的机会产生后代，这不是一个同义反复，而是一个简单的观察报告。伟大的生物学家恩斯特·迈尔也很快对此做出了回应，他说达尔文表达的是"更适者生存"，而不是"最适者生存"[2]。谁是生存者？正如我们日常所见，是一个物种中那些比它的同伴更适应生存环境的物种个体。例如，没有翅膀的苍蝇就比有翅膀的同伴适应度低，这样便简单明了了。

另一个对适应度普遍的误解是：当使用"适者生存"时，我

❶　参见伊莱·C. 明科夫的著作 *Evolutionary Biology*，p82。
❷　参见 *What Makes Biology Unique? Considerations on the Autonomy of a Scientific Discipline*，p135，恩斯特·迈尔著（剑桥：剑桥大学出版社，2004 年出版）。

们就是把自然界定义成了一个被掠夺和争斗主宰的世界。关于这个误解也很好消除。正如笔者与合著者查尔斯·沙利文在《进化的十大神话》中所写：

> 在日常生活中，"适者生存"是进化论理论中被引用频率最高的词汇。在电视节目中，我们能够看到一只狮子瞪着一只羚羊，大角羚羊相互撞角……我们会就此频频点头，并自鸣得意地认为，这就是自然的法则，适者生存！道理显而易见，就如我们所知的，强者生存。如果谁不按现实中所展示的自然世界法则思考问题，肯定会被贴上不可理喻的标签。
>
> 但是，大众媒体展示的显然是关于戏剧和小说逐渐发展的剧情和故事，每个剧作家都知道，没有冲突就没有故事。因此，自然世界就被刻意地打造成一片广阔而激烈的竞争景象，终是鲜血迸发的秀场。羚羊角能抵挡住狮子吗？羚羊这个物种可以生存下去吗？"自然平衡"会被打破吗？电视节目让人们把丁尼生（Tennyson，1809—1892）的诗铭记于心，把大自然描绘成"血色的爪牙"、野蛮掠夺的世界，而适者生存是其首要法则。❶

在本书中，我不想再浪费大量笔墨去消除人们关于进化过程的其他常见误解。如果读者有兴趣，欢迎去阅读《进化的十大

❶ 参见《进化的十大神话》，p13—14。

神话》。本章内容将专注于解释自然选择是什么，它在自然世界的日常生活中如何表现，以及它为什么或如何成为引起进化发生的主要自然过程之一。

我们已经理解生命个体各不相同，这些不同即前面说的变异导致个体有不同的适应度。让我们再次回到本章的核心内容：自然选择。

自然选择，如前所述，是指并非生物任何世代的所有子代都能够幸存下来，并拥有自己后代的事实。

为什么这么说呢？即为什么不是所有的子代都能够存活下来？基于前面对自然选择和适应度的理解，我们可以如此回答：发生在不同个体身上的变异使得它们对生存环境的适应性有所不同。本章列举了很多例子来佐证这一点，但在查看示例之前，我们需要先理解另外两个术语：选择性因子和选择性环境。

选择性因子和选择性环境

显然，生物不是孤立存在的，它们出生于复杂多变的环境中。而这些环境包含了很多因素，这些因素能够影响个体传递基因到下一代的可能性，即个体的适应度。这些因素被称为选择性因子，而与某一生物相关的全部选择性因子统称为该生物的选择性环境。

例如，位于象牙海岸南部的泰山森林里，有一种非常美丽，兼有棕色、蓝色和青灰色羽毛的猛禽，称为非洲冠鹰（*Stephanoaetus Coronatus*），它们能够捕杀和运送重达 10kg 的动物，以捕食小型灵长类动物而闻名。最近一项关于森林中灵长类动物骨头的研究显示，在鹰巢下方的地面上有多种猴子的骨头，而且其中的许多头骨上都有鹰爪特有的抓痕。不仅如此，据估计非洲冠鹰会捕食森林里 2% 的疣猴、13% 的白眉猴和多达 16% 的树熊猴（长着大眼睛和无毛耳朵、超级可爱的灵长类动物）。❶ 那么，在这个森林里，对于这些灵长类动物，特别是可怜的树熊猴来说，非洲冠鹰便是它们一个重要的选择性因子。是否被捕杀影响着这些猴子传递基因到下一代的可能性，即其适应度。一只树熊猴在某一天清晨醒来时也许还具有很高的适应度分值，但当它被非洲冠鹰发现之时，这个分值便开始直线下降，直至被捕杀后降为零。

这个例子会让我们联想到物种之间的相互关系，本书会在第八章讲解物种间更加复杂的相互关系。接下来，我们再看另一个例子。

会长成银色蓝蝴蝶（*Glaucopsyche lygdamus*）的毛毛虫有

---

❶ 大型猛禽捕食小型灵长类动物的行为已经持续了数百万年。这项研究发现的灵长类动物骨骼的损伤证实了之前的一项研究结论。该研究称，来自南非的 200 万 ~300 万年前的古人类化石显示了大型猛禽捕食的证据，即以刺穿骨头或在骨头上留下其他抓痕的形式进行捕食。详细内容参见论文 *Primate Remains from African Crowned Eagle(Stephanoaetus coronatus) Nests in Ivory Coast's Tai Forest: Implications for Primate Predation and Early Hominid Taphonomy in South Africa*，发表于 *American Journal of Physical Anthropology* 杂志，2006 年第 131 期，p151—165，作者：W. S. 麦格劳（W. S. McGraw）、C. 库克（C. Cooke）和 S. 舒尔茨（S. Shultz）。关于古人类是其他物种猎物的话题，可参见 *Man the Hunted: Primates, Predators, and Human Evolution*，D. 哈特（D.Hart）和 R.W. 萨斯曼（R.W. Sussman）著（科罗拉多州博尔德：Westview 出版社，2005 年出版）。

一个"蜜腺"，会分泌出甜味物质，以吸引如黑蚂蚁（*Formica fusca*）一样的蚂蚁个体来食用这些分泌物。然后，这些蚂蚁在喝掉这些甜的分泌物后会留下来保护毛毛虫免受其他生物如苍蝇或黄蜂的寄生侵害。如果没有蚂蚁的保护，苍蝇或黄蜂会在毛毛虫身上产卵进行寄生，当卵孵化成幼虫后，便会杀死宿主毛毛虫。生物学家们在对科罗拉多一个毛毛虫种群研究后发现，如果阻止蚂蚁对毛毛虫进行保护，有一半的毛毛虫会被寄生。而经由蚂蚁保护后，仅有约20%的毛毛虫会被寄生。因此，对于银色蓝蝴蝶来说，其选择性因子既包括蚂蚁又包括苍蝇和黄蜂，前者能够提高其存活率，而后两者则会降低。[1] 对此我们可以说，毛毛虫出于选择性压力而分泌了甜味蚂蚁引诱剂。

上述例子也告诉我们，生物的选择性因子不仅包括不利于个体生存的捕食者和寄生者（苍蝇和黄蜂），还包括对个体有益的守卫者（蚂蚁）。许多生物学的研究报告都仅是针对负面影响的选择性因子，而忽视了许多物种之间有利于彼此生存的相互作用关系，这样的关系也称为共生关系，本书将在第八章详尽描述。

此外，并不是所有的选择性因子都是具有生命力的生物，任何能够影响一个个体适应度（即个体传递基因到下一代的可能性，甚至包括子代的数量）的因素都可称为选择性因子。

例如，大角羊（*Ovis canadensis*）非常适应加拿大阿尔伯塔

---

[1] 参见论文 *Parasitoids as Selective Agents in the Symbiosis between Lycaenid Butterfly Larvae and Ants*，发表于《科学》，1981年第211期，p1185—1187，作者：N. E. 皮尔斯（N. E. Pierce）和 P. S. 米德（P. S. Mead）。

省的寒冷气候。一项为期 21 年的研究显示，大角羊大多能够度过平均气温 –40℃、时常暴风雪的漫长冬季。但是，当它在次年春季分娩幼仔时，如果当地降水量少、山上植被低，新生小羊就很有可能夭折。❶ 那么对于大角羊幼仔来说，春季降水量就是一个重要的选择性因子。这里的选择性因子（降水量）便不是一个有意识的主体，不会以这样或那样的方式去推动大角羊的进化，降水量的大小也不是由任何有意识的主体决定的，仅由这一年春季降雨形成的水循环的物理学特性决定。这也说明许多选择性因子只是简单的环境变量，不具有任何主观意识，对任何生物也就没有主动意识的影响。此外，虽然春季降水量对大角羊幼仔是重要的选择性因子，但成年大角羊个体却能很好地适应该地区一年四季气候的变化。这也意味着，一个选择性因子可能对生物个体的某一发育阶段至关重要，而对其他阶段则无关紧要。

正如我们日常所见，任何生物都不是孤立存在的，它们都会持续与其他生物发生各式各样的关系，如捕食关系（大角羊吃青草）、被捕食关系（树熊猴被非洲冠鹰捕杀）、保护关系（蚂蚁保护毛毛虫）及寄生关系（黄蜂在毛毛虫身上产卵）等。图 8 展示了一些非常简单的生态系统图谱。图 8（A）显示，在雨林的三个层面，即树冠、林下层和地面，分别生活着不同种类的植物和动物。我们可以尝试绘制出这些生物的所有相互关系，包

---

❶　参见论文 *Effects of Density and Weather on Survival of Bighorn Sheep Lambs (Ovis canadensis)*，发表于 *Journal of Zoology* 杂志，1998 年第 245 期，p271—278，作者：C. 波尔捷（C. Portier）等。

子。另外，还有时间维度，不时出现的、无法预测的自然过程（如地球板块构造和彗星对地球的影响），以及相关的微生物的作用（某些微生物可以帮助动物消化食物，而另外一些却是致命的）。基于这些，我们该如何概括总结出一个物种的选择性环境呢？最好的方法是对不同生物及其选择性因子和生存环境进行长期的观察。❶

种群思维和自然选择模式

我们现在理解了，生物个体出生于复杂的选择性环境中。基于个体不同的变异，某些个体较其他个体更能适应所处的选择性环境。自然选择并不是一种行为，而是一个简单的事实，即那些适应性更强的个体往往会通过生育较多的后代来频繁地遗传它们的基因。这些都清晰可见于自然界中。

为了更进一步理解自然选择，我们需要考虑种群而不是个体。所有的生物个体——即使是偶尔独居的，比如雄性猩猩——都是其种群中的一员。自然选择如何影响个体是一回事儿，如

❶ 博物学家兼作家巴里·洛佩兹曾说过，要获得关于自然世界的真相，即对给定生态系统的全面认识和理解，需要大量的时间和努力，往往比我们理解文明需要更多的时间和努力，对短期内文明的探究也是可以接受的。进化生物学家约翰·A. 恩德勒（John A.Endler）也曾出于这个原因呼吁要对自然世界进行更全面、更长期的实地研究（参见约翰·A. 恩德勒的著作 *Natural Selection in the Wild*，p247，新泽西州普林斯顿：普林斯顿大学出版社，1986 年出版）。我很高兴地告诉大家，许多现代的研究已做到了这一点，而且还是代代相传的。例如，许多关于黑猩猩和大猩猩行为的研究已经进行了 40 多年。参见巴里·洛佩兹 2001 年发表于 *Orion* 杂志的 *The Naturalist* 一文，可访问 http://www.orion magazine.org/index.php/articles/article/91。

何影响整个种群是另一回事。在自然世界的种群中，上演着多种自然选择的方式，统称为选择模式。许多模式是存在争议的，得到普遍认可的模式有以下三种。

负选择

当一个种群的个体出生后，若其携带的变异基因降低了其适应度，它的后代就会减少。一般来说，随着时间的推移，这种降低个体适应度的变异基因将逐渐减少，甚至可能消失，这种现象称为"降低个体适应度的变异的选择"或"负选择"。❶ 实际上，这种选择模式并没有选择的机会或选择的过程，没有人可以决定去消除这个或那个变异，最终结果仅是降低生物个体适应度的变异基因不再传递下去。现在我们便可以理解为什么"选择"一词那么容易误导人们，因为这个词意味着某种主动选择决定或选择过程。而实际上，只是降低个体适应度的变异基因不会在种群中广泛传递、扩大，它们最终可能会消失。

例如，位于科罗拉多州西部的落基山脉上，有一种美丽的多年生飞燕草（*Delphinium nelsonii*）植物种群，这种山区植物长着鲜艳的蓝色花瓣。然而，并不是所有植株的花瓣都是蓝色的，每片草地上大约有 10% 的飞燕草为白化体植株，这些植株的花瓣是白色的。加州大学河滨分校的生物学家尼古拉斯·瓦瑟（Nickolas Waser）主持的一项研究发现，白化体飞燕草与蓝

---

❶ 非常令人迷惑不解的是，负选择也被称为"净化"选择、"向心"选择或"稳定"选择。参见论文 *Genetics and the Understanding of Selection*，发表于 *Nature Reviews Genetics* 杂志，2009 年第 10 期，p85，作者：L. D. 赫斯特（L. D. Hurst）。

色飞燕草形态相同，产生的种子数量也相近，而且所产生的花蜜质量也差不多。那么为什么白化体植株只占 10% 呢？科学家们观察发现，蜂鸟和大黄蜂拜访白色植株的频率较蓝色植株低 25%，这两种动物是飞燕草的传粉者，会传送雄性植株的花粉粒到雌性植株上。为什么会这样呢？两种植株的形态没有区别，自然也不会有物理原因阻碍蜂鸟和大黄蜂采集白化体植株的花蜜。而且，白化体植株在产生种子数量上也不存在遗传缺陷。那肯定有别的原因妨碍了采蜜过程。进一步观察研究发现，在蓝色花朵中，最靠近蜜腺的两片花瓣实际上是白色的，这就为授粉者形成了一个易于发现的"目标"。而在白化体中，尽管蜜腺好，花蜜也多，但没有这样的颜色差异，传粉者就很难发现采蜜的位置。因此，为了在白化体植株上获得花蜜，蜂鸟和大黄蜂需要花费更多的时间和精力，于是它们更愿意选择易于采到花蜜的蓝色花瓣。[1] 由于花瓣的颜色是由遗传基因决定的，因此较低的授粉率就会导致携带白化植株 DNA 的种子数量减少，白化体植株数量自然就少，这就可以称为"逆向白化体植株的选择"或"负选择"。

那么，有一个问题油然而生：为什么白化植株会持续存在呢？为什么它没有被完全淘汰？其中一个原因是白化植株并没有完全被传粉者忽视，只是它们被采蜜的频率低于蓝色飞燕草。此外，还有可能控制白色花瓣的基因与控制植株其他性状

[1]　参见论文 *Pollinator Choice and Stabilizing Selection for Flower Color in Delphinium nelsonii*，发表于 *Evolution* 杂志，1983 年第 35 卷第 2 期，p376—390，作者：N. 瓦泽（N. Waser）和 M.V. 普里斯（M.V. Price）。

的基因存在遗传连锁，因此植株为了存活，根本无法进行简单的 DNA 编辑。在第二章中，我们理解了基因决定表型性状，但是我们没有提及某些单个基因实际上可以控制多个性状的形成，这个现象称为"基因多效性"，飞燕草的白化植株就属于这种情况。如果控制白化性状的基因同时决定了植株其他重要的发育过程（如植株的早期发育生长，基因一旦被修饰，植株便会死亡），而白化性状并不是致死性的，只是降低了植株的适应度，那么白色植株能够继续存在也就可以理解了。

正选择

与负选择相反，如果一个种群的个体出生时所携带的变异有助于提升个体的适应度，这些个体往往会拥有更多的后代。一般而言，随着时间流逝，有益于个体适应度的变异会在种群中扩大，这种现象称为"提升个体适应度的变异的选择"或"正选择"。❶ 与负选择一样，正选择同样没有选择的机会或选择的过程，同样没有任何人可以决定去推进这个或是那个变异，最终结果只是增加个体适应度的变异基因更倾向于传递给后代，从而在种群中能够更加广泛地存在。我们也因此再一次看到了"选择"一词的误导性。事实上，正选择没有选择决定者，没有主观意图或者选择的过程，它只是促进了提升个体适应度的变异基因更加频繁地传递，在种群中成为更普遍的存在。最终，

---

❶ 非常令人困惑的是，正选择也被称为"达尔文式"选择或"定向"选择。参见 L.D. 赫斯特的论文 *Genetics and the Understanding of Selection*。

也许此变异基因成为该种群生存必需的基因，种群的所有个体都携带着它。

在人类中存在着很好的正选择的例子。尽管前言中解释过，本书不会集中介绍人类的进化，但在这里，我还是要列举一个很典型的现代人类中正选择的例子。

这个例子是关于人类乳糖耐受的情况。欧洲以外国家或地区的大多数人群都对乳糖不耐受，也就是说这群人在成年后，无法消化分解牛奶中的乳糖（例如，几乎 100% 的东南亚人不能消化分解牛奶中的乳糖）。乳糖的消化分解需要机体产生适量的乳糖酶，而乳糖酶的产生由 LCT 基因控制。我们可以思考一下如何理解乳糖不耐受的遗传基础。在对近 200 名实验对象（包括可以乳糖耐受的欧洲人和乳糖不耐受的非欧洲人）的 LCT 基因序列进行比对后，结果显示：乳糖耐受人群的 LCT 基因序列存在一个突变，从而能够编码产生乳糖酶，分解乳糖。乳糖不耐受人群的 LCT 基因没有这个突变，因此无法消化乳糖。如此一切便清楚了，是欧洲人史上发生了 LCT 基因的突变，从而能够消化分解乳糖。当然，并没有任何人做了人类突然能够消化牛奶的决定，而是一个偶然的基因突变产生的突变基因提高了人类消化牛奶的适应度，促成这个基因突变的原因也许是牛奶能够提供人体需要的丰富的维生素 D、蛋白质和钙等营养物质。[1] 而欧洲人从 5 000 年

---

[1] 参见论文 *Genetic Signatures of Strong Recent Positive Selection at the Lactase Gene*，发表于 *American Journal of Human Genetics* 杂志，2004 年第 74 卷第 6 期，p111—120。

前就开始驯养奶牛❶，因此5 000年后的欧洲人中出现这样一个基因突变也就不足为奇了。这是一个提高个体适应性的突变，随着时间的推移，其存在更加广泛，我们便称之为"正选择"。

但是，为什么欧洲以外的国家或地区的人群中没有发生这个基因突变呢？当然，也有少部分非欧洲人是有这个基因突变的，这是因为过去几个世纪里，欧洲人与世界其他国家或地区人类进行了通婚，繁衍后代，从而传递了这个乳糖耐受的突变基因。但是，在非欧人群中也存在类似的突变基因，能够分解消化乳糖，这与欧洲人的突变基因不同。❷ 拥有这个突变基因的人群全部是牧民，包括非洲的图西人和富拉尼人，他们养奶牛、喝牛奶。非洲人群中的变异与欧洲人群中的变异相似但不完全相同，这说明两种变异是各自单独发生的。❸

---

❶ 7 500年前，农民从东南欧进入中欧，奶牛被引入该地区的时间稍晚一些，这是史前学家安德鲁·谢拉特（Andrew Sherratt，1946—2006）所谓的"第二次产品革命"的一部分，通过这一"革命"引入的动物不再是必须宰杀才能充当食物，在它们生前也可以为人类提供食物，如牛奶。第二次产品革命也引入了酒精饮料和与之相关的其他文化。详细内容请参见谢拉特别具一格的文章 *Cups That Cheered: The Introduction of Alcohol into Prehistoric Europe*，收录于其著作 *Economy and Society in Prehistoric Europe: Changing Perspectives*，p376—402（ 新泽西州普林斯顿：普林斯顿大学出版社，1997年出版 ）。

❷ 参见论文 *Convergent Adaptation of Human Lactase Persistence in Africa and Europe*，发表于 *Nature Genetics* 杂志，2007年第39卷第1期，p31—40，作者：S.A. 蒂什科夫（S.A.Tishkoff）等。

❸ 早在5 000年前，非洲人就开始驯养和放牧牲畜，其中包括奶牛。参见论文 *Early African Pastoralism: View from Dakhleh Oasis (South Central Egypt)*，发表于 *Journal of Anthropological Archaeology* 杂志，1998年第17第卷2期，p124—142，作者：M. A. 麦克唐纳（M. A.McDonald ）。

平衡选择

平衡选择是种群中同时出现了一种以上提升个体适应度的变异的选择，而且在通常情况下，种群中携带这些变异的个体也不尽相同。一般来说，随着时间的推移，这些变异都稳定存在于种群中，结果是该种群可能会分裂为两个新的种群，分别具有不同的变异性状。[1]同样，平衡选择没有选择的机会和选择的过程，没有人可以做决定推进这两种变异。我们也因此再一次见证了"选择"一词的误导性。平衡选择只是使多于一种的变异在种群中开枝散叶，每一种变异都能够提高个体的适应度，而适应度是衡量个体变异与选择性环境特征之间的尺度。

在非洲有一个平衡选择的典型例子。黑腹裂籽雀（*Pyrenestes ostrinus*），一种常见的非洲雀类，主要以两种莎草科植物的种子，即可以长到 3m 高的灌木莎草（*Scleria verruscosa*）和坚果莎草（*Scleria goossensii*）为食。早在 1805 年，法国自然学家路易斯·让·皮埃尔·维耶洛特就曾对此有过研究记载。[2]之后的研究者发现，在这类身披红色和黑色羽毛的鸟中，一些个体的

---

[1] 非常令人困惑的是，平衡选择也被称为"离心式"选择或"破坏性"选择。参见 L.D. 赫斯特的论文 *Genetics and the Understanding of Selection*。

[2] 基于自身丰富的旅行经历，路易斯·让·皮埃尔·维耶洛特（Louis Jean Pierre Vieillot，1748—1831）第一次科学地描述了野火鸡、针尾鸭、雪松太平鸟，以及其他几十种北美鸟类的生活。尽管对西方的学术界做出了巨大贡献，但和当时的许多博物学家一样，他生活贫困，死后也基本被人遗忘了。可参见论文 *Louis Jean Pierre Vieillot*（1748—1831），发表于 *Auk* 杂志，1948 年第 65 期，p568—576，作者：P. H. 奥瑟（P. H. Oehser）。

喙要比其他个体略大。

为了验证这一发现的科学性，在 1983—1990 年之间，生物学家托马斯·贝茨·史密斯（Thomas Bates Smith）对喀麦隆地区的黑腹裂籽雀进行了深入的研究。经网捕测量了近 3000 只雀的喙后，史密斯发现其中小一点的鸟喙宽约 13mm，而大一点的鸟喙宽约 15.5mm。2~3mm 的差异看起来似乎微乎其微，但对于黑腹裂籽雀个体来说，却是明显的差异。因为坚果莎草的种子比灌木莎草的种子软很多，种群中拥有较小鸟喙的个体更倾向于选择食用这类较柔软的种子，而拥有较大鸟喙的个体更常食用较硬一点儿的灌木莎草种子。不同大小的鸟喙反映出了黑腹裂籽雀个体对不同硬度食物的饮食区别。

如果黑腹裂籽雀喙的宽度是由其饮水中的特殊化学物质或是其他环境因子决定的，那么这一特征就不是一个自然选择的例子，因为自然选择很大程度上表现为遗传基因控制的性状。换句话说，选择或淘汰的性状是由基因编码产生的，基因是构建下一代的基础。

为了确认这一鸟喙的宽度特征是否由周围的环境变量控制，史密斯将捕获的 97 只黑腹裂籽雀带回他在美国的实验室里饲养繁育，一段时间后，发现鸟喙的宽度特征是遗传性状，并不受周围环境的影响。在实验室饲养的环境下，新生雀的喙也会很快地发育成野外环境中我们所观察到的或宽或窄的形状，没有其他中间大小的形状。因此，野外生存的黑腹裂籽雀，其喙的宽度性状是由遗传基因决定的。在该种群中，这两种大小明显不同的喙的同时存在即被称为平衡选择。[1]

　　另一个同一种群同时存在不同变异性状的示例来自多雨的太平洋西北海岸。在那里，野生的银大马哈鱼（*Oncorhynchus kisutch*）雄性个体通常或是约 70cm 长的大体型，或是约 40cm 长的小体型。银大马哈鱼出生于大陆的淡水流域，其幼鱼将在这里生活一年，发育成小马哈鱼后随河入海。在海洋中继续成长发育半年至两年后，再次入河洄游，并进入产卵场。此时，雌性个体平均体长约为 50cm，大多数雄性个体或者是大体型，称为"鹰鼻"；或者是小体型，称为"千斤顶"。在产卵场，雌性个体利用尾鳍拍打沙砾，借助水流的冲击，在沙砾河床形成一个圆坑。雌性个体在坑内产卵，具有锋利牙齿的雄性鹰鼻个体通过激烈竞争胜出后，才能排出精子到卵子上。对于雄性鹰鼻个体来说，最优秀的胜利者才更有可能留下精子，进而产生下一代。相比于竞争失败者，它们有更高的适应度。但是大型的鹰鼻个体比小型的千斤顶个体有更高的适应度吗？并非如此。千斤顶个体也能够排出精子到坑内的卵子上，但它们需要伺机完成这个过程。千斤顶个体常隐藏在植物或岩石后面，趁鹰鼻

[1]　参见论文 *Disruptive Selection and the Genetic Basis of Bill Size Polymorphism in the African Finch Pyrenestes*，发表于《自然》，1993 年第 363 期，p618—620，作者：T. B. 史密斯（T. B. Smith）。对这个物种的研究仍在进行中，因为它是为数不多已经得到证实的一个平衡选择的案例。加州大学洛杉矶分校热带研究所的网站上声明："我们正在利用分子遗传学方法研究黑腹裂籽雀喙形状和大小的种群结构与演化历史，以了解平衡选择如何引起物种形成，同时探究有哪些基因参与喙变异的发生。"可访问 http://www.ioe.ucla.edu/ctr/research/isms.html。

个体还没反应过来的时候，在植物的掩护下完成了排精。那么，中型银大马哈鱼的情况如何呢？事实上，中型个体很少，因为它们既斗不过鹰鼻个体，也没办法很好地隐藏。这就是所谓的平衡选择，大、小两个体型个体都被选择存活下来。❶ 平衡选择不如正、负选择那么好理解，但是我们都应该明白进化是一个正在进行中的过程。❷

性选择

　　尽管我们在正、负选择或平衡选择中很难想到选择的意图，因为确实没有针对任何特别性状做出选择的决定，但自然界中却有一种真正带有选择意图的自然选择模式，即性选择。在这种模式中，一个生物个体不会随意与哪个求偶对象进行交配，而是要在众多的求偶者中进行挑选，而且有时候这是某些个体的有意识的决定。在下面的示例中我们可以看到，性选择可以选择某个性状，也可以淘汰某个性状。

---

❶　参见论文 *Disruptive Selection for Alternative Life Histories in Salmon*，发表于《自然》，1985 年第 313 期，p47—48，作者：M. R. 格罗斯（M. R. Gross）。最近的一项研究表明，银大马哈鱼个体的大小在很大程度上是由基因决定的。详细内容参见论文 *Genetic Parameters of Size Pre- and Post-Smoltification in Coho Salmon (Oncorhynchus kisutch)*，发表于 *Aquaculture* 杂志，1994 年第 128 卷第 1 期，p67—77，作者：J. T. 西尔弗斯坦（J. T. Silverstein）和 W. K. 赫什伯格（W. K. Hershberger）。可访问 http://www.sciencedirect.com/science/journal/00448486。

❷　最近一篇关于平衡（或破坏）选择的综述总结道："平衡选择已重新获得进化思维中的重要地位，尤其是在物种形成的研究中。"参见论文 *Disruptive Selection and Then What*，发表于 *Trends in Ecology and Evolution* 杂志，2006 年第 2 卷第 5 期，p238—245，作者：C. Reuffler 等。有关平衡选择作用的更多信息，请参见本书第五章。

很多关于性选择的描述通常都是雄性个体为了争夺与雌性个体交配的机会而发生激烈的冲突，事实上，对于鸟类、昆虫、鱼类和哺乳动物的性选择模式的记载显示，很多情况下是雄性个体作择偶选择，雌性个体之间竞争。❶ 例如，在高度社会化的狐獴（*Suricata suricatta*）种群中（本书第七章中也会介绍这个生活在南非，也被称为猫鼬的小型哺乳动物），雌性个体为了争夺与雄性狐獴的交配机会而大打出手，较大体型的雌性个体有更强的竞争力，被选择的概率更大。一项研究中有记录，竞争中获胜的雌狐獴平均体重为 699g，失利的雌性个体平均体重为 665g。如同黑腹裂籽雀的喙宽度差异一样，雌狐獴体重的这点儿差异对你我来说不足为道，但对于狐獴个体来说，不仅仅是统计学的显著差异，更关乎生存大计。对于竞争求偶的雌狐獴而言，那多出来的几克重量就是"改变世界的差异"。❷ 性选择也能够驱使比个体身型大小更特别的变异性状的传承，这个过程称为第二性征的进化。❸

生活在南美的长戟大兜虫（*Dynastes hercules*）便是一个典型

---

❶ 有关性选择引起雌性个体竞争的精彩内容可参见论文 *Sexual Selection in Females*，发表于 *Animal Behavior* 杂志，2009 年第 77 卷第 1 期，p3—11，作者：T. 克拉顿－布洛克（T. Clutton-Brock）。

❷ 参见论文 *Determinants of Reproductive Success in Dominant Female Meerkats*，发表于 *Journal of Animal Ecology* 杂志，2008 年第 77 期，p92—102，作者：S. J. 霍奇（S. J. Hodge）等。

❸ T. 克拉顿－布洛克（T. Clutton-Brock）将性选择定义为"一个通过同性竞争获得繁殖机会的过程，提供了一个能够整合引起两性第二性征进化过程的概念框架。参见布洛克发表于《科学》，2007 年第 318 期 p1882—1885 的论文 *Sexual Selection in Males and Females*（特别是 p1885）。

的案例。该物种雄虫长有巨大的胸角，雌虫则没有。在南美茂密的热带雨林栖息地，雄虫为了争夺与雌虫的交配机会上演着激烈的战斗。探险家、博物学家威廉·毕比在他 1947 年发表的题为《关于委内瑞拉格兰德牧场长戟大兜虫战斗的特别注释》的研究报告中如此描述：

> 两只雄虫利用各自的胸角互相试探碰触、点击、张开并靠近，这个过程的目的就是为了夹住对手的角。当 4 个角靠在一起时，战斗便会陷入僵局……而一旦一只雄虫牢牢地夹住了对手的胸角，便会发力向上举起对手，这个姿势会持续 2~8s，直至将对手狠狠地摔倒在地或是向某个方向扔去。❶

那么，对于长戟大兜虫雄虫来说，造就个体与众不同的差异可能就是其胸角的大小和力度。换句话说，长戟大兜虫雄虫的适应度（即将其自身胸角的基因传递给后代的可能性）一定程度上是对其胸角大小和力度的衡量。因此，这是针对更有战斗力的胸角的性选择。当然，这些角的大小和力度特征在该物种的所有的种群中都会发生变异，因此美其名曰"选择变异"。

当然，长戟大兜虫雄虫的生活中也非全部是战斗，像其他生物一样，它们也需要觅食、饮水、摄取营养。从第一个细胞

---

❶ 参见论文 Notes on the Hercules Beetle Dynastes hercules (Linn.), at Rancho Grande, Venezuela, with Special Reference to Combat Behavior，发表于 Zoologica 杂志，1947 年第 32 期，p114—115，作者：威廉·毕比（William Beebe，1877—1962）。

形成直至死亡，它们的世界也不是简单的战斗，而是一个持续与多方面选择性压力较真儿的过程。

　　性选择是进化论的一个重要组成部分，与进化论其他内容一样，关于性选择的准确性和影响力的争议也一直未断。尽管如此，性选择仍然是许多物种发生进化的一个重要因素。生物学家爱德华·O. 威尔逊罗列了性选择的几个主要特点，总结如下：

> ·雄性或雌性个体做出的选择：雄性或雌性个体从众多或在或不在竞争比赛中的求偶者中选择一位。
>
> ·直接竞争：雄性或雌性个体为接近异性与种群中其他同性别个体展开激烈竞争，甚至可能建立领地。
>
> ·交配后的行为：雌雄个体不再具有交配机会，如交配双方可能都会脱离竞争的求偶者行列。❶

　　值得注意的是，尽管择偶似乎关乎未来，关乎一个物种的优势，然而却很少有证据可以证明大多数生物（如雌性长戟大兜虫）在择偶前经过了深思熟虑，并选择携带最佳基因的个体进行交配。出于本能，绝大多数的性选择似乎更有可能仅仅是一个求偶者个体阻碍另一个求偶者个体的交配，或者是针对被选择者现时现刻状态的一个选择决定，此刻的被选择者最符合择偶个体时下交配的需求。换句话说，没有研究数据表明，许多生物会像人类一样做出预测未来的择偶选择，如在复杂的婚姻文化中，考虑包括财富分配、遗产继承等因素。大多数动物世界中，

---

❶　改编自 *Sociobiology: The New Synthesis*，p322，表格 15–1。

求偶者之所以被选择是因为它们当下拥有择偶者交配所需的全部特征。[1] 表5总结了我们前面介绍的几种主要的自然选择模式。

表 5　自然选择的主要模式

种类	机制基础	示例
负选择	降低个体适应度的变异基因常常较少地传递给下一代个体	相比于正常的苍蝇，天生就没有翅膀的个体，更难找到食物以及交配对象繁衍后代，所以控制无翅膀的基因在苍蝇的种群中逐渐减少
正选择	提升个体适应度的变异基因常常较多地传递给下一代个体	天生具有好平衡力的野山羊将更有能力在悬崖边的环境中生存和繁衍后代，因此控制较佳平衡力的基因在种群中逐渐增加
平衡选择	性状特征谱两端的变异性状都能够提高种群个体的适应度，所以相较于中间的性状变异基因，两端基因都较多地被传递给下一代个体	蜗牛个体有的具有开阔栖息地的伪装色，有的具有隐蔽栖息地的伪装色。而在这两个截然不同的栖息地中，没有任何伪装色的个体被鸟类捕食的可能性更大，因此这些个体的变异基因将逐渐从蜗牛种群中消失
性选择	并不是所有的求偶者都能成功找到配偶	雌燕个体倾向于选择拥有长尾的雄燕个体进行交配，而不愿意选择短尾的雄燕。因此，控制长尾的基因在燕子种群中逐渐增加
亲缘选择	个体对其同类或亲属表现出来的利他行为	受到捕食者攻击时，生来就有保护兄弟姐妹意愿的猕猴最终也会受到保护，进而更加健康地成长，进行择偶交配并传递保护同胞的意愿

---

[1]　加拿大心理学家默林·唐纳德（Merlin Donald）将非人类思维的小空间、短期"感知泡沫"表示为"情景"，即一个又一个片段，一次又一次地贯穿于整个生命史，但是对大空间或遥远的未来，以及过去没有解释。参见 *Origins of the Modern Mind: Three Stages in the Evolution of Culture and Cognition*，唐纳德著（剑桥市：哈佛大学出版社，1991 年出版）。

总结：自然选择

到目前为止，我们通过正、负、平衡和性选择理解了大多数物种的世代个体均出生于一个选择性环境中，该环境选择或淘汰个体的某些"变异"性状。但需要强调的是，许多情况下并没有真正的选择过程上演，只是其中一些个体所具有的变异性状更能够适应环境的特点，从而存活下来，仅此而已。"选择"一词具有误导性，而且根深蒂固，它意味着有一个具有意识的"选择者"，然而并没有科学依据。

最后一个关于自然选择的问题是其发生的范畴。

自然选择发生的范畴

许多生物学中的争议都集中在自然选择发生的范畴。众所周知，生物的组织结构有不同层面，包括细胞、机体、种群等，因此争议便集中在不同模式的自然选择如何影响生物不同层面的组织结构。进化生物学家约翰·A.恩德勒指出："理论上，自然选择可能对个体表型之外的其他层面组织结构均有不同程度的影响，如基因、基因型、群落、种群、物种，甚至自我增殖子。"❶

这样说有些笼统，我们需要细化到生物组织结构的不同层面上。目前，大多数生物学家公认的自然选择所影响的组织结构层面至少有4个：

---

❶ 参见约翰·A.恩德勒的著作 *Natural Selection in the Wild*，p33—51。

增殖子，即基因 DNA 本身，构建后代的基础物质。到目前，我们用增殖子指代 DNA 分子、基因或某一物种的基因组。一个个体的增殖子也可被认为是其基因型。下面来解释一下为什么要把基因与其编码的产物区分。

互作体，即增殖子基因信息编码产生的植物、动物等生物机体，我们称之为表型。值得注意的是，由于基因 DNA 的高保真度特性，互作体近似于亲本的复本，而不完全是亲本，存在变异 ❶，而且互作体出生于选择性的环境中。

因此，个体的机体或表型不完全等同于基因编码的产物。为什么这么说？因为机体不会持久，它将最终走向死亡。而如果机体有了子代，基因便会传递给子代。正如进化论者理查德·道金斯在其令人震惊的《自私的基因》一书中指出：一个机体或一个表型只是基因制造另一个基因的方式！人类是基因所编辑的随时间传递基因的"活机器"。❷ 许多人反感道金斯书中使用的冷冰冰的机械词语，但这些词语都清楚地说明了表型即机体只是保护 DNA 的生物结构，通过繁衍后代把 DNA 推向未来……是其精神食粮！

生物学家乔治·C. 威廉斯在《自然选择》一书中也用了类似的方式区分了自然选择的两大领域，即密码子（富含遗传信息的

---

❶　因为一项调查显示，我们可能需要重新考虑自然界"克隆"概念的定义：从本质上说，克隆可能只是一个例外，而不是常规。参见 J. M. 史密斯的论文 *How Clonal Are Bacteria*。

❷　参见理查德·道金斯的杰作《自私的基因》。

DNA）和物质（DNA 编码的产物）。❶ 关于互作体的要点是其受制于自然选择。可以这样理解：是个体适应性环境中选择性压力的总和，即自然世界来衡量个体表型，计算适应度，最终发生选择。生物界普遍认为互作体（即 DNA 编码构建的机体）受制于自然选择。❷ 互作体的亲缘种群也是存在的。没有一个生物是一座孤岛：最近一篇题为《微生物的社交生活！》的文章也阐明了所有的生物都是群体生活的观点。在这一点上，有性生殖的物种群体性更加明显，许多个体都生活在其亲本附近的复杂社会里，如小猩猩独立生活之前，会跟父母一同生活几年。大多数生物学家认同亲缘选择，即个体对其同类或亲属个体表现出来的有益行为。这种有差行为通常也被称为"利他行为"，即个体 X 牺牲自身的适应度来提升个体 Y 的适应度。目前，关于亲缘选择准确发生的机制还未被准确掌握，但却得到了大多数生物学家的认同。

区域性育种群，即亲缘种群的群体，有时也被称为同类种群。种群是由同一物种个体组成的群体，通过交配和亲子关系联系起来，换句话说，一个种群是同一物种的一个群落。❸ 有

---

❶ 参见 *Natural Selection: Domains, Levels, and Challenges*，p23—37，乔治·C. 威廉斯著（纽约：牛津大学出版社，1992 年出版）。

❷ 已故进化哲学家大卫·霍尔（David Hull，1935—2010）在一篇精彩绝伦的论文 *Individuality and Selection* 中介绍了增殖子、互作体和进化谱系的概念，该论文发表于 *Annual Review of Ecology and Systematics* 杂志，1980 年第 11 期，p30—31。

❸ 参见 *Population and Evolutionary Genetics: A Primer*，p30—31，弗朗西斯科·J. 阿亚拉（Francisco J.Ayala，1934—）著（旧金山：Benjamin Cummings 出版社，1982 年出版）。

些进化论者认为大范围种群内也会发生自然选择，反对这一观点者也大有人在，两个阵营也进行了激烈的辩论，我们不做详细讨论。我们需要明确的是，所有的种群都是由生物个体组成的，而每个人都认同自然选择适用于每个生物个体。[1]

物种实质上是彼此交配繁殖的生物的群体（本书将在第五章详细探讨这一概念）。那么在物种这个层面上是否也存在自然选择呢？或者说，这个内部繁衍交配的种群内个体是否同时受到自然选择的影响呢？对此有很多争论。[2] 著名的进化论者伊丽莎白·弗尔芭的观点最具影响力，她说许多非洲物种灭绝的证据已经很清晰地留存在化石上，在两三百万年前，这些物种的所有个体几乎同时消失，就是由当时非洲大陆的气候和植被改变引起的。弗尔芭指出，冰河时代，大面积的森林被草地

---

[1] 关于种群选择的文献报道非常多，其中的观点也存在着严重的分歧。最近的一篇名为 *Group Selection Is Dead! Long Live Group Selection* 的综述指出：群体选择的一个定义，即"基于种群生存和繁殖差异的性状进化"实质上与同样广义的亲缘选择没有区别，即"亲缘选择受个体间亲缘关系的影响"。参见论文 *Group Selection Is Dead! Long Live Group Selection*，发表于 *BioScience* 杂志，2008 年第 58 卷第 7 期，p574—575，作者：A. 沙维特（A.Shavit）和 R. L. 米尔斯坦（R. L. Millstein）。

[2] 物种选择和群体选择一样备受争议。一篇早期的综述显示关于物种选择的争议仍未有定论。参见论文 *Hierarchical Approaches to Macroevolution: Recent Work on Species Selection and the "Effect Hypothesis"*，发表于 *Annual Review of Ecology and Systematics* 杂志，1995 年第 26 期，p301—321，作者：T.A. 格兰瑟姆（T.A.Grantham）。B.J. 克雷斯皮（B.J.Crespi）在 *Encyclopedia of the Life Sciences*（伦敦：Nature Publishing Group 出版社，2002 年出版），第 17 卷，p458—561，*Species Selection* 章节中写道："尽管物种选择似乎是合理的，但尚未得到所有人的认可。"

替代，许多原栖息于森林的物种被栖息于草地的物种所代替，这样大规模的事件也常常被称为转化。❶无论生物学家们就自然选择对生物的不同层面或不同范畴群体的意义是否达成共识，某些个体拥有的变异使得它们比种群中其他个体的适应度更高是不争的事实。选择或淘汰必然会促进一些变异基因在种群中增加而另外一些基因逐渐减少。但是，由于选择性压力随着环境的改变而发生变化，因此随着时间的流逝，不同变异所引起的适应度也会发生不同的变化，从而生物的生活方式也会随之改变。

至今，就自然选择对生物不同层面组织结构作用机制的争论仍有很多。甚至在进化遗传学的教科书中，2010 年度邓普顿奖和 2002 年度美国国家科学奖的获得者，进化生物学家弗朗西斯科·J. 阿亚拉也如此说："区域性种群的概念可能非常明确，但实际的应用却非常困难，因为它们之间的界线总是很模糊。"❷图 9 就阴影地区（A）中右侧小方框区域内砂蜥

---

❶　参见论文 Mammals as a Key to Evolutionary Theory，发表于 Journal of Mammalogy 杂志，1992 年第 73 卷第 1 期，p1—28，作者：伊丽莎白·弗尔芭（Elizabeth Vrba）；On the Connections between Palaeoclimate and Evolution，收录于 Palaeoclimate and Evolution with Emphasis on Human Origins，p24—25，弗尔芭等著（康涅狄格州纽黑文：耶鲁大学出版社，1995 年出版）；以及弗尔芭发表于 Paleobiology 杂志，2005 年第 31 期，p157—174 中的论文 Mass Turnover and Heterochrony Events in Response to Physical Change。关于反对弗尔芭早期研究的观点可参见 R. A. 克尔（R. A. Kerr）发表于《科学》，1996 年第 273 卷第 5274 期，p431—p432 的论文 Evolution: New Mammal Data Challenge Evolutionary Pulse Theory。

❷　参见弗朗西斯科·J. 阿亚拉的著作 Population and Evolutionary Genetics: A Primer，p30。

（*Lacerta agilis*）的地理分布情况作了简单的分析。从区域放大的示图中看到，山脉 B、C、D 分隔的溪流（图中细的灰色线条）汇入河流 E。部分河流区域再次放大至左图，可以看到两个灰色区域 F 和 G，每个区域包含了一个区域性种群。每个区域性种群内包含了几个标记为 H 的同类群。每个同类群内由 20 个或更多的黑色圆点组成，每个黑色圆点代表了约 6 个个体（I）组成的家庭群。经过一些数学计算，我们可以看出除个别特别大的同类群（图中右侧的群）之外，其他每个同类群均是由约 120 个个体组成，每个区域性种群约有 360 只砂蜥个体。❶

　　同样，尽管科学家们就自然选择对生物组织结构不同层面的影响持有不同的观点，但他们都意识到这些生物组织结构在自然世界中真实存在的事实。也就是说，即使我们人类将来灭绝了，这些组织结构界线也不会随之消失。正如德国北部的砂蜥不可能立即与俄罗斯东部的砂蜥进行交配，它们都是独立于人类意识之外存在的事实。无论科学家们出于分析某些结构的目的而试图模糊其他的一些边界，这些层面组织结构中的界线

---

❶　本图改编自 *Population and Evolutionary Genetics: A Primer*，p31，图 2.1。这个例子中的种群数量与最近一项关于瑞典南部砂蜥的研究报告中的数量相似，不过种群的个体数量有明显差异，瑞典南部砂蜥种群的个体数量平均约为 200 只。关于瑞典南部砂蜥的研究报告请参见论文 *Population and GeneticDiversity in Sand Lizards (Lacerta agilis) and Adders (Vipera berus)*，发表于 *Biological Conservation* 杂志，2000 年第 94 期，p257—262，作者：T. 马德森（T.Madsen）等。

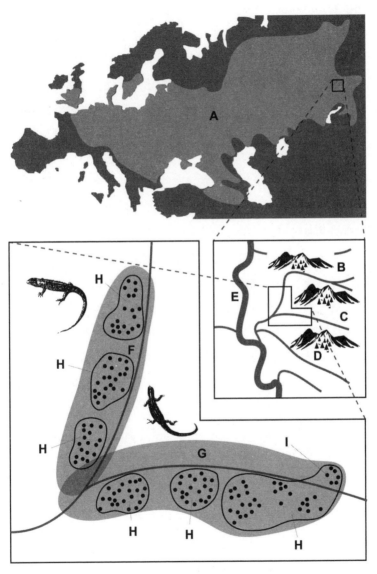

图 9　砂蜥分布图

却是真实存在的。❶ 唯一得到公认的是，自然选择规律适用于生物个体组织结构。生物个体，近似于自己的父母，但又携带了不同于父母和同胞个体的变异，从而具有不同的适应度。某些个体相较于其他个体更易于拥有自己的后代，传递自己的基因。当一个没有自己后代的个体死亡时，我们称之为遗传死亡。编码构建较低适应度个体的基因从种群中消失，就是自然选择对个体或前面提到的互作体和表型的淘汰。由于个体是由其携带的基因编码构建的，因此我们也可以说自然选择淘汰了那些给个体带来相对较低适应度的基因。例如，使得苍蝇个体没有翅膀或畸形翅膀的基因会被自然选择淘汰。

那么，就生物组织结构的重要性来说，真正的意义在于自然选择自身，即自然选择是否作用于基因、个体、种群、物种甚至更大的生物群体单位。至少，大家一致认为自然选择对基因型构建的生物表型有作用。进化论科学家斯蒂芬·杰伊·古尔德曾明确指出："自然选择评估机体。"❷ 而为了阐明机体是什么，生物学家约翰·A.恩德勒说道："一个机体不是简简单单地

---

❶ 不仅有不同层次的生物组织结构，而且进化的模式在不同组织结构中也并不完全相同，但是这些模式也可能随着时间的推移而改变。 在 *Darwinian Dynamics: Evolutionary Transitions in Fitness and Individuality*（新泽西州普林斯顿：普林斯顿大学出版社，1999年出版），p7中，理查德·E.米可德（Richard E. Michod）提出：多细胞生物出现后，当这些生物开始以群落生活而不是孤立生活后，进化的发生模式有所不同。这也再次说明，米可德并不是主张组成达尔文进化论的增殖、变异和选择不会发生，他想表达的是这些进化可能在不同的时间以不同的方式发生着。

❷ 参见理查德·道金斯的著作 *The Extended Phenotype: The Gene as the Unit of Selection*，p116。

由一袋不相干的性状拼凑而成，自然选择影响整个机体，而且机体的许多性状都将有助于个体繁衍和生存。"❶ 表 6 总结了大多数生物学家所共识的生物组织结构层面。❷

表 6　生物组织结构的主要层面

理论名称	真实表现	示例
增殖子	基因 = 富含遗传信息的物质	海星；人类
互作体	表型 = 遗传密码编码构建的机体	许多海星的基因组成海星的基因组，尽管海星基因组与人类基因组有很多共同的信息，但二者之间明显不同
真实繁殖群	同类群 = 区域的繁殖群落（也许某一时刻会与其他同类群发生联系）	属于同一物种的犹他陆龟和墨西哥陆龟栖息在不同的地方，它们很可能永远不会相遇。然而，它们的基因可能会通过邻近区域的繁殖群落在某一时刻从犹他州传递到墨西哥
潜在的遗传群	物种 = 同一类型所有可以相互交配繁衍的生物个体	世界上所有家鼠（*Rattus rattus*）物种的个体
选择性环境	生态学 = 与一个生物个体、同类群或物种群体直接或间接相关的所有其他生物和选择性环境条件组成的生态系统	北极旅鼠以北极苔原植物为食；北极狐捕食旅鼠；北极狼猎食北极狐；北极狼是很多寄生虫的寄主；环境温度影响寄生虫的生命力；人类捕杀狼；人类如果没有学会判断海面上结冰的薄厚，就会掉进海里；每年的积雪会影响驯鹿的迁徙，而驯鹿的迁徙会影响人类的驯鹿狩猎活动

❶　参见约翰·A. 恩德勒的著作 *Natural Selection in the Wild*，p163。
❷　该表格是基于多个资料考虑的结果，其中一个明确的论述请参见 Evolution，第 3 版，J. M. 萨维奇（J. M. Savage）著（纽约：Holt, Rinehart&Winston 出版社，1977 年出版）。尽管该书已经有很多年历史了，但仍然具有参考价值。

综合起来，图 10 展示了生物组成的三个主要层面。上图是微观化学结构的 DNA，编码 20 种氨基酸，进而构建组成生物有机体的成千上万种蛋白质，它也是基因型的核心物质，即增殖子。中图所示的是 DNA 构建的不同生物有机体，即表型的世界，或互作体，当然也包括图中未显示的生物有机体的行为。下图显示了每个生物有机体都不是孤立生活的，而是生活在复杂的选择性环境中。而且，这些生物有机体组成繁殖群以及更大的种群，即物种，仅物种内个体之间进行交配。同时，每个生物有机体都是构成某一生态系统的一员，生态系统是由生物有机体组成的联系网。

自然选择和适应性

到目前为止，我一直避免使用"适应性"（ *adaptation* ）一词，主要是因为大众媒体给它加了很多包袱。适应性常与"进化的发展"概念联系在一起。和其他概念一样，我们从大众媒体获得的感觉是，适应性是生物个体努力争取并总能得到的东西。当适应发生的时候，它会带来一种追求某种目标的错觉（如一只海狸貌似是为它的生存环境而精心设计的），但事实上，把适应性当作一个目标是一种错觉。

为了澄清这一点，我们从生物学的角度来定义适应性的概念，用生物地理学家海尔特·J. 弗尔迈伊的话说，适应性是任何能让生物个体在无法生存的环境中生存并繁衍后代的变异。[1] 从狭义

---

❶　参见 *Biogeography and Adaptation*，海尔特·J. 弗尔迈伊（Geerat J. Vermeij，1946—）著（剑桥市：哈佛大学出版社，1978 年出版）。

增殖子　　　　　　DNA

基因型

互作体

表型

有机体

群落　　　　　　繁殖群

种群
物种
生态系统

图 10　生物组成的三个主要层面

上说，生物个体的适应性可被定义为提高其适应度的变异。

显然，适应性是存在的，并且随着时间的推移，一个物种将更加适应其生活的环境，因为提升其个体适应度的变异被选择保留下来，而降低其个体适应度的变异则减少，直至被淘汰出局。从这个角度来说，进化是一个渐进的过程，因为选择性环境的压力逐渐"改制"一个物种的个体，以"适应"其生活的环境。值得注意的是，此处使用的"改制"（*tailored*）和"适应"（*fitting*）都加了引号。改制一词暗含的实质是为特定目的做事情，像人们量体裁衣。

然而，在自然世界中，我们不会看到有特定目的的改制发生。在人类以外我们所知的其他物种中，没有任何一个物种可以对变异性状进行有意识的主观选择。而人类会在所培育的动植物中选择某些变异性状，以自己的意愿选择培育哪些个体。但是，这样的选择在自然界中是不存在的。我们已经了解，选择性环境由很多选择性因子组成，其中许多选择性因子仅仅是环境的物理属性，如环境温度，不会有任何明显的意识去适应什么。因此，适应性是存在的，发展也是循序渐进的。随着时间的推移，一个物种会更加适应其生活的环境，原因是提升个体适应度的变异日渐增加，降低个体适应度的变异趋于消失。这就是进化。

进化论中的自然选择

我们再次回到了起点，变异的自然选择。尽管"选择"一词蕴含了某种意图，但选择不是一件事或一个有意识的主体。选择指的是一个事实，即一个种群中并非所有个体都具有同等数量的后代；许多个体未能存活至其生殖的年龄；许多个体所产生的后代数量大大不同于其他个体。原因是生物个体不是简单的克隆，某些个体所携带的变异基因使得它们比同物种其他个体具有更高的适应度。正如我们日常所见，不是所有的个体都能拥有子代，传递自己的DNA。在周围的自然界中，我们也能看到生物个体那些不同的适应度。

出现哪些变异基因基本上是随机的，但种群中哪些个体的基因能够传递给后代却不是随意的，其中，越适应其选择性环境的个体越易于传递自己的基因给后代。随着时间的推移，一个种群的性状特征也会发生变化，因为环境在变，个体所适应的条件也将改变。

自然选择不是具体的"事物"，而是可视化的真理。随着自然选择的发生，生物个体的性状随时间而改变。有时，这些改变足以产生一种新的生物，这就是物种的形成，本书下一章的主题。

第五章　物种形成的真相

　　如果事物可以凭空产生，那么任何物种的形成都无须起源。照此逻辑，人可在海洋中诞生，鱼可从泥土里涌现，而鸟可在天空中孕育。同一棵果树每次结出的果实会不一样，好比神奇的魔术，任何结果都可能发生。如果同一物种的生存和延续不需要稳定的生殖体，那么为何它们始终诞生于同样类型的母体？事实上，任何物种都有其特定的组成，其诞生的条件也很苛刻，依赖于适当的环境和精确的物质组成，这也正是万物不能随意产生的原因，每个物种都有其独特的繁衍能力。

　　　　　　　　　　　　　　　——卢克莱修：《物性论》❶

---

❶　参见 *On the Nature of the Universe*。

我们能够理解增殖，即父母产生子代的过程。同时我们也承认变异，子代与父母之间以及兄弟姐妹之间存在显而易见的差别。还有自然选择，在不同的子代中筛选最能适应环境压力的个体，帮助其基因进行延续。上述三者的存在是不容辩驳的。

根据进化理论的定义，我们认为：正如种群遗传学家研究的那样，如果一个种群的基因在改变，那么基于上述基因产生的生命体也随之发生变化，进化就发生了。如果给予一个系统长时间的增殖、变异和选择适应，然后再稍稍改变系统内的选择压力（自然条件下这种情况必然会发生，因为世界是动态变化的），你将会看到物种形成——产生新的生命种类。

本章将会讲述这一现象是如何发生的，我们又是如何研究发现的。

什么是物种？

我们经常把物种形成（产生新的生命种类）和进化放在一起讨论。众所周知，新的物种不是突然出现的。为了更好地理解物种形成，我们首先要明白物种的概念。

物种（*species*）最初来源于拉丁文，用来表示外貌（*appearance* 或者 *outward form*）。[1]1559 年，这个词被用来区分不同类型的红酒。那时，随着探险家们将异域野兽的尾巴带回欧洲，很多新的物种被发现。在《安东尼与克里奥佩特拉》中，

---

[1] 参见《牛津英文词典》第 16 卷，p155，*species* 一词，J. A. 桑普森（J. A. Sampson）、E. S. C. 韦纳（E. S. C. Weiner）等编著（牛津：Clarendon Press 出版社，1989 年出版）。

莎士比亚这样写道：

> 雷比达斯："你的蛇是什么样子的？"
>
> 安东尼："它很独特，有这么宽，这么长，用特有的器官移动。它也吃东西，当身体的一些元素离开它时，它还会转世（蜕皮）。"
>
> 雷比达斯："它是什么颜色的？"
>
> 安东尼："是它特有的颜色。"
>
> 雷比达斯："这是奇怪的蛇。"
>
> 安东尼："是的，它还会流泪。"

在生命科学领域，爱德华·托普塞尔在《蛇的历史》一书中第一次使用了物种这个术语。❶ 到了 18 世纪，这个术语被更广泛地用于形容不同组别的动植物。斑马、老鹰、橡树都是生物，但它们显然是不同类型的生命体，即不同的物种。在描述生物学发展时期，物种这个术语非常简单明了，因为那时普遍认为生命是由上帝创造的，是一成不变的。就如在圣经中描述的那样："上帝创造了野兽、牲畜和爬虫，上帝看着这一切，觉得非常满

---

❶ 《蛇的历史》是英国牧师爱德华·托普塞尔（Edward Topsell，1572—1625）的动物寓言集之一。读者可以访问 http://eebo.chadwyck.com/home 阅读托普塞尔的著作，这个网站包含了 1473—1700 年之间（英格兰、苏格兰、爱尔兰、威尔士及英属北美地区）几乎所有的英文著作。进入这个网站，搜索 "Topsell"，我们就能找到他的所有著作。还可以访问 http://info.lib.uh.edu/sca/digital/beast/index.html，查阅休斯敦大学 History of Four-Footed Beasts and Serpents 网站上保存的托普塞尔著作中的图像。

意。"（创世纪 1：p25）❶ 在西方科学发展早期，自然学家的研究主要侧重的是对现象的描述而不是提供理论解释。瑞典自然学家卡尔·冯·林奈（Carl von Linné，1707—1778）率先在《自然分类》一书中使用物种这一术语来系统性地描述其所知的所有生命种类。❷ 在西方生命科学发展过程中，这些描述性的研究对生物学产生了长久的影响。虽然生物学家已经知道了进化的发生，但是数百年来描述性研究产生的思维惯性固化了他们对于生命种类概念的理解。在 20 世纪 30 年代，生物学家恩斯特·迈尔从新几内亚实地研究回来后，开始呼吁：我们要抛开思维定式，摒弃鸽笼心态，拓展研究视野，不要局限在物种的可见特征，还应该去思考如物种行为、地理分布等因素，将种群整体作为研究对象。

迈尔认为，研究生物个体固然重要，但是我们不可能看到生物个体在瞬间进化出新的物种。我们所能看见的是有益的变异在种群中扩散，不利的变异逐渐被淘汰，进而引起种群变化。❸

❶　参见 King James Bible（1611 年第 1 版），可访问 http://quod.lib .umich.edu/k/kjv/，查阅密歇根大学线上版本。

❷　在达尔文之前，也有一些自然学家认为物种是会改变的，和当时的主流观点（物种不变）相抵触，这些想法在达尔文理论之后没能保存。关于进化概念的历史变迁，我们可以在 *The History of an Idea*，第 4 版，P. J. 鲍勒（P. J. Bowler）著（伯克利：加利福尼亚大学出版社，1989 年出版）一书中找到相关资料介绍。但需要注意，20 世纪 90 年代之后又出现了更大的变化，这些会在本书第八章中介绍。

❸　理查德·道金斯明确定义了生命形式的特征：（a）丢失原来的组织结构及功能，产生分支；（b）具有独特的遗传密码；（c）以某种方式和同伴隔绝。参见理查德·道金斯的著作 *The Extended Phenotype: The Gene as the Unit of Selection*，p250—251。

无论哪种情况，种群都会随时间发生变化，产生新的生命类型。因此，我们需要研究种群整体。当时的生物学界接受了这个观点，促使进化研究转向种群思维是迈尔在该领域最重要的贡献之一。❶

迈尔另外一项杰出的贡献是他对物种的定义。他在 1942 年提出，生物个体是种群的组成单元，而现实中种群最主要的特征是生物个体仅在群内交配繁衍后代。迈尔认为，物种是实际上或潜在的能够交配繁殖的自然种群的集合，不同物种之间存在生殖隔离。❷ 首先，通过"实际上或潜在的"这种表述，迈尔指出同一物种的不同种群，作为同种类型的生命体，可能遍布世界。虽然它们之间没有实际的交配繁殖行为，但是它们有这个能力。比如北美沙漠陆龟（*Gopherus agassizii*）分布很广，从犹他州南部到墨西哥西部，但是由于距离太远，两地的陆龟基本没有可能相遇，但是不能否认它们具有潜在的交配繁殖能力。其次，迈尔提出的生殖隔离是物种概念的核心内容。一个物种的成员不会也不能与另一个物种的成员交配繁殖，两者在生殖上被完全隔离了。蝙蝠不会试图去和蜗牛交配，鸵鸟也不会尝

❶　参见论文 *Ernst Mayr and the Modern Concept of Species*，发表于 *Proceedings of the National Academy of Sciences of the USA* 杂志，2005年 102 卷增刊 1，p6600—6607（p6606）。

❷　参见论文 *Ernst Mayr and the Modern Concept of Species*，发表于 *Proceedings of the National Academy of Sciences of the USA* 杂志，2005年 102 卷增刊 1，p6600—6607（p6600）。

试去和海参交配。不同生命类型的种群之间存在生殖隔离。❶

历史上出现了无数次关于物种概念的讨论，以至于《牛津英文词典》中"物种"一词被打上"很多讨论"的标签。❷许多最近的综述显示，迈尔关于物种的解释（物种的生物学定义）已经得到广泛认可。❸迈尔理论能够长存的主要原因是其描述非常准确。在他 1942 年首次提出物种定义后，又过了 53 年，迈尔发表了一篇论文《何为物种？》。在论文中他反复重申：尽管教条的生物学家将"物种"这一概念过度哲学化，但物种就像星球一样是客观存在的。星球是被人类发现而不是发明出来的，不像冰激凌那样（完全是人类创造的），会随着人类的消亡而不复存在。同样，不管人类是否存在，物种的概念都告诉我们：生物体不会试图和不同类型的生命个体交配繁殖。这里我们再次重申，物

---

❶ 1942 年，迈尔改进了特奥多修斯·多勃赞斯基（Theodosius Dobzhansky，1900—1975） 在 *Genetics and the Origin of Species*（1937 年出版）一书中提出的关于"生殖隔离"的定义。

❷ 参见《牛津英文词典》，p156。

❸ 参见 J. 海伊（J. Hey）、W. M. 菲奇（W. M. Fitch）和 F. 阿亚拉（F. Ayala）编著的 *Systematics and the Origin of Species on Ernst Mayr's 100th Anniversary*（华盛顿：国家学术出版社，2005 年出版）一书中收录的很多研究论文；J. A. 夸纳（J. A. Coyne）和 H. A. 奥尔（H. A. Orr）合著的 *Speciation*（桑德兰：Sinauer 出版社，2004 年出版）一书中的观点；*Encyclopedia of the Life Sciences*，第 17 卷，p415—422 中 "Speciation: Introduction" 章节的综述部分内容；1995 年的一篇评论建议对迈尔的概念进行一些修正，但没有推翻它。可参见论文 *Species Definition for the Modern Synthesis*，发表于 *Trends in Ecology and Evolution* 杂志，1995 年第 10 期，p294—299，作者：J. A. 马利特（J. A. Mallet）。

种是客观存在的，它是被人类发现而不是凭想象创造出来的。❶

如今的生物学分类可细化到三个主要的分类单位：属（genus）、种（species）和亚种（subspecies）。表7列举了一些常见的物种和它们的学名（拉丁名）以及常用名注释。

本书将在第八章继续介绍物种的概念，最近的研究展示了至少有4条标准可以帮助我们鉴定物种。

1. 生活在同一个生殖隔离空间内。

2. 使用通用的交配—识别系统。

3. 占据着相同的生态位。

*4. 具有共同的祖先。*❷

恩斯特·梅尔在2005年再次强调了其物种概念的先进性和合理性，他说道："不同物种类别的区分，需要形态学、生态学、行为学和分子生物学等多学科结合研究，来帮助确定其名称。"❸

❶ 这不仅是科学的声明，对于新几内亚人的研究反复证明了科学界和民间对生命形式（植物、鸟类、哺乳动物等）的分类鉴定是大同小异的，参见 *Speciation*，p12—13。即便是离经叛道的微生物学家林恩·马古利斯（Lynn Margulis，1938—2011，见本书第八章，对现代生物学概念几乎没有贡献），也承认迈尔的概念适用于大部分的动物和植物。参见 *Acquiring Genomes: A Theory of the Origins of Species*，p58，林恩·马古利斯和多里昂·萨根（Dorion Sagan）合著（纽约：Basic Books 出版社，2002 年出版）。

❷ 参见 *Systematics and the Origin of Species: On Ernst Mayr's 100th Anniversary* 中的 *"Ernst Mayr and the Modern Concept of Species"* 章节，p243—266，表 13.1。

❸ 参见论文 *What Is a Species and What Is Not?*，发表于 *Philosophy of Science* 杂志，1996 年第 63 期，p262—277，作者：恩斯特·迈尔。

表 7 常见物种的种属名称

属	种（亚种）	常用名和注释
Homo	*sapiens sapiens*	现代智人，人类（*Homo* 代表人，*sapiens* 代表聪明）
Homo	*Sapiens neanderthalensis*	尼安德特人（已灭绝，遗迹发现于德国尼安德山谷）
Aptostichus	*stephencolberti*	2008 年以喜剧演员 Stephen Colbert 名字命名的蜘蛛
Pan	*troglodytes*	黑猩猩（*troglo* 代表洞穴和黑暗，指非洲中部的黑暗森林）
Felis	*domesticus*	家猫（*domesticus* 代表家养）
Felis	*concolor*	美洲狮（*concolor* 代表其几种皮毛颜色）
Canis	*lupus familiaris*	家养狗
Canis	*lupus*	狼（*lupus* 是拉丁文狼，和西班牙语中的 *lobo* 类似）
Musca	*domestica*	家蝇（*domestica* 代表家）
Helix	*aspersa*	花园蜗牛（*helix* 代表螺旋）
Rosa	*woodsii*	森林玫瑰（由生物学家约瑟夫·伍兹命名）
Platanista	*gangetica gangetica*	恒河喙豚
Ruminococcus	*albus*	奶牛胃中的一种细菌，有助于消化草，以及产奶

在 18 世纪，林奈记载了大约 7 000 种动植物，如今这个数字大约为 500 万，有人估算实际的物种数量可能还要高 10 倍。❶新的物种不断被发现，其中大部分来自海洋，但同时有研究估算，人类在地球上的活动也导致了已有物种正以每小时 3 个的速度灭绝。❷ 在介绍物种起源之前，我们先要注意以下两点。

第一，正如迈尔指出的那样，物种不是一成不变的，它们之间没有清晰的界线，有些并不完全符合现有的定义，这也意味着我们对生物学还存在许多未知。但这不代表我们要抛弃现有的生物学理论，毕竟它能够解释很多问题，我们需要做的是不断地获取新的知识和信息，完善现有理论。为了避免范式化的思考，特奥多修斯·多勃赞斯基比迈尔更早提出：在特定时

---

❶ 参见论文 *How Many Species?*，发表于 *Philosophical Transactions of the Royal Society of London* 杂志，1990 年第 330 期，p293—304。2005 年，生物学家爱德华·O. 威尔逊估算现存大约有 1 500 万 ~2 000 万个物种，参见 *Systematics and the Origin of Species: On Ernst Mayr's 100th Anniversary* 中 *"Introductory Essay: Systematics and the Future of Biology"* 章节，p1—8（p3）。

❷ 有人预测人类将在 2 亿年后灭绝，关于 "sixth extinction" 的细节讨论可参见罗斯·D.E. 麦克菲（Ross D.E. MacPhee）编著的 *Extinctions in Near Time: Causes, Contexts, and Consequences*（纽约: Kluwer Academic/Plenum 出版社，1999 年出版）中的 *"Cretaceous Meteor Showers, the Human Ecological 'Niche,' and the Sixth Extinction"* 章节，p1—14，作者: N. 埃尔德雷奇（N.Eldredge）；更详细的内容请参考 *Extinctions in Near Time: Causes, Contexts, and Consequences* 中的 *"Requiem Aeternum: The Last Five Hundred Years of Mammalian Species Extinctions"* 章节，p333—372，作者: 麦克菲和 C. 弗莱明（C. Flemming）；相关的概述请参考 *The Sixth Extinction: Biodiversity and Its Survival*，R. 利基（R. Leakey）和 R. 莱温（R. Lewin）合著（伦敦: Weidenfeld& Nicolson 出版社，1996 年出版）。

间点，物种是整个生命进化过程中的一个阶段，而不是完全静止的单位。❶

第二，请牢记物种不是最终产物，它的产生没有任何目的性。物种产生的整个过程没有主控和决策，尽管很难想象，但这一点非常重要。自然界在我们面前展示的"完美运作"的生态系统常常是一个幻觉，当我们观察一个物种时，可能会发现其在生态系统中正处于困境，甚至在慢慢灭绝。即使在一个"平衡"的共进化生态系统中，虽然物种也在缓慢地共同进化，但不能说它们是被控制着共同进化，也不能说它们具有特定的功能（一些电视节目常常会这么说）。微生物学家林恩·马古利斯在一篇关于共生关系的综述中认为，对于共进化的物种不能用"竞争"或"合作"来形容，他写道："这些词也许能用在篮球场、计算机产业以及金融机构中。"❷

不同类型的生命之间的确会互相影响、共同进化，但是不存在任何主控因素控制它们行使功能。物种不是为"工作"而设

---

❶ "阶段"（Stage）这个词本身有点儿问题，代表这个过程将要到一个节点，这是以人类的视角观察物种所处的"阶段"（如早期、中期、晚期），参见 *Genetics and the Origin of Species by Theodosius Dobzhansky*，p312，斯蒂芬·杰伊·古尔德和 N. 埃尔德雷奇（N. Eldredge）合著（纽约：哥伦比亚大学出版社，1982 年出版）。而就"对现存物种的分类是极其复杂的"这一观点，F. 阿亚拉和 M. 科鲁齐（M.Coluzzi）写道："多勃赞斯基很清楚物种这一复杂的概念无法用简单的一句话来描述。"参见 *Systematics and the Origin of Species:On Ernst Mayr's 100th Anniversary* 中的 *"Chromosome Speciation: Humans, Drosophila, and Mosquitos"* 章节，p46—48（p48）。

❷ 参见 *Acquiring Genomes: A Theory of the Origins of Species*，p15—16。

计的最终产品。❶ 本书会在第八章再次讨论这个问题。

我们现在了解了什么是物种：能够互相交配繁殖的自然生物群体，并且和其他种群存在生殖隔离。接下来我们来看看它们是如何产生的。

什么是物种形成？

物种形成是指从一个原有的物种中演化出两个或两个以上新的物种。❷ 同一物种之间能够交配繁殖，和其他不同物种之间存在生殖隔离。生殖隔离的产生并不复杂，它也是物种形成的核心内容。自然界中存在两种主要的生殖隔离机制，它们通常会出现在对相近物种的研究中。

交配前的生殖隔离

交配前的隔离机制能够阻止潜在交配对象之间的相遇。这种机制阻断了同一物种不同种群之间基因的流动，从遗传学角度切断两者的潜在联系，因此，遗传隔离（遗传隔断）正是物种形成的关键。

由于群体内的部分成员在交配期或整个生命周期内迁移到不同的栖息地而使得彼此无法接触，交配前的生殖隔离就产生了，这种隔离类型称为生态隔离。正如上文提到的分布在犹他

---

❶　人们对自然的误解，认为其是一个平缓运作的系统，特定的物种各司其职。参见《进化的十大神话》，第 7 章，书中针对这一错误的观念进行了解释。

❷　这个定义参见 *Encyclopedia of the Life Sciences*，第 17 卷，p415 中 "*Speciation：Introduction*" 章节的内容。

州和墨西哥的北美沙漠陆龟，它们不可能在两地之间迁移，这便形成了交配前的生殖隔离，即生态隔离。

有时，同一物种的部分成员迁移并留在较近的栖息地，也会产生生态隔离。就像北美三刺鱼（*Gasterosteus aculeatus*）那样：尺寸较小的鱼（体长小于11cm）绝大部分时间生活在靠近水面的区域，而其他成员则生活在靠近湖底的区域。不同的水深造成了两个区域光照质量的差异，长此以往，深水区的雌性鱼习惯和本区的雄性鱼交配，浅水区的情况也是如此，生态隔离就这样产生了。[1] 行为隔离通常是指物种亚种群形成了不同的行为习惯，而这些习惯限制了它们之间的交配。异性选择配偶过程中的偏好性就是典型的例子，如在非洲维多利亚湖区，两种遗传上相近的棘鳍类热带淡水鱼（*Pundamilia nyererei* 和 *Pundamilia pundamilis*），身体上都有垂直条纹，但是颜色有很大不同，前者条纹呈橘黄色，后者更偏向蓝色。在实验条件下，两种雌性鱼类都更愿意选择和自己条纹颜色相同的雄性鱼类作为交配对象。当我们改变鱼缸光线，让雌鱼无法分辨雄鱼身体的颜色时，其择偶过程中的颜色偏好性就消失了。结合两种鱼类的遗传学数据分析，它们之间产生了行为隔离，最终导致了物种形成，即从共同的鱼类祖先演化出两种遗传相近的物种。[2]

[1] 参见论文 *Divergent Sexual Selection Enhances Reproductive Isolation in Sticklebacks*，发表于《自然》，2001 年第 411 期，p944—948，作者：J.W. 布格曼（J.W. Boughman）。

[2] 参见论文 *Cichlid Fish Diversity Threatened by Eutrophication That Curbs Sexual Selection*，发表于《科学》，1997 年第 277 期，p1811，作者：O. 斯豪森（O. Seehausen）、J.J.M. 凡·阿尔芬（J. J.M. van Alphen）和 F. 怀特（F.White）。

另一个是关于北美野鸭的例子，这种野鸭主要有两种：绿头鸭（*Anas platyrhyncos*）和针尾鸭（*Anas acuta*）。这两种野鸭的雄性个体在色彩花纹上非常相似，但是雌性个体之间的色彩花纹区别很大（雌性针尾鸭长着一条又细又长的尾巴）。在野外自然环境中，两种野鸭各自配繁，互不干扰。而在实验室条件下，由于两种野鸭十分相近，它们能够互相交配产生子代。那为什么在野外它们不交配呢？因为两种野鸭杂交产生的子代携带了与父母完全不同的基因，影响了其交配的行为，杂交后的子代无法展现求偶行为来吸引更多的异性。所以在自然条件下，绿头鸭和针尾鸭杂交后的子代会慢慢被"淘汰"，正是这种机制加强了两种野鸭固有的交配行为和交配前的生殖隔离。❶另一种更为直观的隔离就是生物的生殖器官逐渐产生分化。典型的例子是日本的两种十分接近的木甲虫（*wood beetle*，学名分别为 *Carabus maiyasanus* 和 *Carabus iwakianus*）。同种的雄性和雌性木甲虫的外生殖器结构十分契合，而异种木甲虫之间外生殖器完全不匹配。如果两种木甲虫之间互相交配，会导致彼此的生殖器官严重损毁，阻碍了精子的传输以及与卵子的结合——这就是机械隔离。❷这种隔离机制

---

❶　参见伊莱·C. 明科夫的著作 *Evolutionary Biology*。

❷　参见论文 *Genital Lock-and-Key as a Selective Agent against Hybridization*，发表于 *Evolution* 杂志，1998 年，p1507—1513，作者：T. 索塔（T. Sota）和 K. 久程田（K. Kubota）。最近的论文利用分子生物学数据确认了这个例子，并在其他甲虫物种中也发现了生殖器形态差异导致的机械隔离。参见论文 *Historical Divergence of Mechanical Isolation Agents in the Ground Beetle Carabus arrowianus as Revealed by Phylogeographical Analyses*，发表于 *Molecular Ecology* 杂志，2009 年第 18 卷，p1408—1421，作者：N. 奈加多（N.Nagata）等。

通常被比喻成"锁和钥匙不匹配"。

　　一个物种亚群交配期的分离会产生不寻常的交配前的生殖隔离，称为时间隔离。比如，两个比较接近的物种，石星珊瑚（*Montastrea annularis*）和星珊瑚（*Montastrea franksi*），它们最主要的区别就是释放配子（释放大量的颗粒，就像汽水泡）的时间存在 1.5~3h 的间隔。虽然时间看上去并不长，但是在海洋环境中，精子会很快失活，无法让卵子受精。没人知道为什么它们的交配期会分离，有研究发现人为的阳光刺激可以改变这些珊瑚释放配子的时机。最合理的解释是：当这两种珊瑚的交配期出现分离时，时间隔离就产生了，进而两个新的物种便逐渐形成。❶另一个时间隔离的例子来自两种相近的加利福尼亚松树，毕舍普（*Pinus muricata*）和蒙特雷（*Pinus radiata*）。蒙特雷的松药（释放精子）成熟时间要比毕舍普的柱头（包含卵子）成熟早几个月，所以两者不会发生交配。所以，时间隔离导致了同一祖先物种逐渐分化成两个新的物种。❷再来看一个粉红鲑（*Oncorhyncus gorbuscha*）的例子。由于未知的原因，部分个体的成熟过程出现差异，最终导致鲑鱼交替年份交配行为的出现。

---

❶　对于珊瑚的例子，参见论文 *Direct Evidence for Reproductive Isolation among the Three Species of the Montastraea annularis Complex in Central America (Panamá and Honduras)*，发表于 *Marine Biology* 杂志，1997 年第 127 卷，p705—711，作者：N. 诺尔顿（N. Knowlton）等。这里的时间隔离虽然还没有像其他交配前的生殖隔离模型那样被广泛研究，但其在理论上对物种形成也是非常重要的，参见 *Speciation*，p204—210。

❷　参见 *Encyclopedia of the Life Sciences*，第 17 卷，p415—422 中 *Speciation: Introduction* 章节，以及 *An Island Called California*，E. 巴克（E. Bakker）著（伯克利：加利福尼亚大学出版社，1984 年出版）。

当鲑鱼迁移出海后，它们会在海中继续生活两年（一项针对阿拉斯加和加拿大西部鱼群的研究显示误差不超过 10 天），随后逆流洄游至它们的出生地。2000 年出生的鲑鱼会在 2002 年洄游并产卵交配，而 2001 年出生的鲑鱼则在 2003 年回来交配，两者保持一个稳定的时间差。当一部分群体在交配时，另一部分还在海中生活。虽然这些鲑鱼现在还属于同一个物种，但是由于时间隔离的存在，它们最终可能会分化形成不同的物种。[1]

交配后的生殖隔离

交配后的隔离机制可以在两个个体完成交配后（不管彼此之间存在的行为、生态和生殖结构的差异），阻止子代成功发育。

最为人熟知的交配后的隔离机制是合子死亡，即卵子受精后无法正常发育。这是因为经历了长时间的分化，亲本双方的 DNA 有很大程度的不同，两者无法结合产生正常的子代。其余大多数交配后的生殖隔离，也是由亲本 DNA 不匹配这一关键因素造成的。[2] 还有一小部分交配后的生殖隔离类型存在，包括杂合不活（杂交后子代能够形成，但在子代能够交配前死亡）以及杂合不育（杂交后子代能够形成，但是子代没有继续生育下一代的能力，比如马和驴杂交能产生骡子，但是骡子没有生育能力）。

---

[1] 参见论文 *Genetic Analysis of North American Populations of the Pink Salmon, Oncorhyncus gorbuscha, Possible Evidence for the Neutral Mutation-Random Drift Hypothesis*，发表于 *Evolution* 杂志，1974 年第 28 卷，p295—305，作者：N. 阿斯平沃尔（N. Aspinwall）。

[2] 关于交配后的生殖隔离的更多信息，参见 *Speciation*，p232—246。

我们使用的这些术语并不重要，关键在于亲本 DNA 不匹配导致子代后续发育受阻的道理简单易懂。就像地理隔离一样，这种隔离能够把原来的物种切割分化成不同类型的群体，这样一来，新物种便产生了。

这些例子都说明，遗传隔离是生物逐渐分化形成差异的关键。表 8 总结了生殖隔离形成的主要原因。

生殖隔离（遗传隔离）使种群分化，继而选择性环境会用不同的方式塑造这些新分离出来的群体，久而久之导致新物种形成。

表 8　生殖隔离形成的主要原因

隔离机制	隔离类型	产生原因	例子
交配前生殖隔离	生态隔离	各自的栖息地不同	一些日本瓢虫只在自己喜爱吃的植物上交配，同一物种的不同个体喜欢吃不同的植物，彼此无法见面交配
	行为隔离	各自交配行为不同	雄性飞蛾仅与释放特定信息素的雌性飞蛾交配；雌性费德勒蟹喜欢和钳子大的雄蟹交配
	机械隔离	雌雄间性器官机械结构不匹配	一些遗传相近的果蝇之间，雌性和雄性果蝇生殖器的结构不匹配
	时间隔离	各自交配时期不同	有些美洲蟋蟀性成熟的季节不同，无法互相见面交配
交配后生殖隔离	杂合不活	杂合子代发育不良，无法存活到交配年龄	绵羊和山羊杂交产生的子代无法存活到交配年龄
	杂合不育	杂合子代不能产生子代	马和驴产生的杂交子代无法继续繁殖

物种形成的方式主要有三种，接下来将介绍它们和隔离机制的关系。我们知道，生殖隔离的中心内容就是切断不同群体之间的遗传信息流动，下面我们就用"遗传隔离"来泛指不同形式的生殖隔离。

物种形成的方式

兴趣使然，多年来许多研究人员一直致力于研究物种形成。这期间虽然取得了一些重要成果，但同时也创造了很多令人费解的术语用于解释物种形成的发生。

荷兰生物学家门诺·席尔特维岑对此谈论道："阅读与进化相关的文献你会看到大量的术语和理论，包括微观地理论、侧地理论、单基因理论、自私基因理论、共生理论、离心理论、强化理论、地理分割理论、竞争理论、傻瓜理论、杂合理论、生态适应理论等，更有甚者，还包括亚当和夏娃的形成论。"[1]

对于上述清单，我们还可以补充上异域性理论、邻域性理论、边域性理论、同域性理论、斯塔西异域论和异域邻域理论。我们不必逐个讨论这些理论，因为这些理论大同小异，正如席尔特维岑所言："其中的许多理论只不过是用不同的术语来阐述同一件事情。"进化生物学家富图拉马也同意这一观点，他认为物种形成的方式可以根据群体外力或群体内因导致的遗传隔离

---

[1] 参见 *Frogs, Flies, and Dandelions—Speciation, The Origin of New Species*，p177—178，门诺·席尔特维岑（Menno Schilthuizen, 1965— ）编著（牛津：牛津大学出版社，2001 年出版）。

来进行分类。❶

群体外力的例子如数千万年前南美洲和中美洲的结合（通过巴拿马连接两块大陆），直接隔离了太平洋和大西洋的水生物种，这便是异域性物种形成理论，在这里我们把它称为"外力隔断"。群体内因导致的遗传隔离，如物种亚群专注于某种资源而停止与种内其他亚群的互相交配，这就是同域性物种形成理论，在这里我们把它称为"内因隔断"。下面从外力隔断（异域性物种形成）开始介绍。

外力隔断（异域性物种形成）

当群体中的某一组成员和其余成员之间被地理性事件隔断时，外力隔断性物种形成（异域性理论）就发生了。具体例子如下：

一个众所周知的关于外力隔断（完全性遗传隔离）的例子就是上文提到的大西洋和太平洋被巴拿马海峡分开了（两者在南美洲南端依然相连，所以这种分离主要影响了赤道以北的温水物种）。包括地理学在内的证据显示大陆桥在 300 万 ~350 万年前将上述水体隔断。在 20 世纪 90 年代初，一个巴拿马—美国科研小组研究了巴拿马区域太平洋和大西洋（加勒比海）中的枪虾，比较了它们遗传上的异同以及不同海域枪虾之间的交配能力。加勒比海枪虾和太平洋枪虾不仅在色彩、花纹等生理特征

---

❶ 参见论文 *Non-Allopatric Speciation in Animals*，发表于 *Systematic Zoology* 杂志，1980 年第 29 卷，p254—271，作者：D.J. 富图拉马（D.J. Futuyama）和 G. C. 迈耶（G.C. Mayer）。

上存在差异，而且它们交配产生的子代中，99% 的个体是不能正常存活的。然而，遗传数据却显示它们之间非常相近。遗传时钟（一种用基因组内稳定积累突变来测量时间的方法）测算出这些物种的分化或遗传隔离大约发生在 300 万年前，这和太平洋与加勒比海地理性隔断发生的时间一致。[1] 总之，这是一个关于外力隔断性物种形成（异域性理论）的非常有力的例子。一个群体内部的个体之间曾经可以自由交配（遗传上非常相似），在发生遗传隔离之后，逐渐分化成不能互相交配的生命类型，即产生新的生命形式——物种形成。[2] 在上述例子中，有大量的枪虾群体被分隔了。在其他例子中，较小的群体被分离，逐渐演化出和原群体不同的新物种，这种现象通常发生在大陆生物群

---

[1] 遗传时钟的基础是基因组（物种的 DNA）累积突变的速率是已知并且稳定的。比较两个可能关联物种的基因组（人和黑猩猩）会得到两者 DNA 序列的差异，根据突变累积的速率可以推算出这些差异产生需要的时间。这个方法存在局限，大家也都了解并承认，相关的技术也在不断改进。参见论文 *Phylogenetics and Speciation*，发表于 *TRENDS in Ecology and Evolution* 杂志，2001 年第 16 卷第 7 期，p391—399（特别关注 p393），作者：T.G. 巴勒克拉夫（T.G.Barraclough）和 S. 尼（S. Nee），可以从中找到相关的技术性综述。更全面的概述可以参见论文 *The Modern Molecular Clock*，发表于 *Nature Reviews Genetics* 杂志，2003 年第 4 卷第 3 期，p216—224，作者：L. 布朗厄姆（L. Bromham）和 D. 彭妮（D. Penny）。

[2] 参见论文 *Divergence in Proteins, Mitochondrial DNA, and Reproductive Compatibility across the Isthmus of Panama*，发表于《科学》，1993 年第 260 期，p1629—1632，作者：N. 诺尔顿（N. Knowlton）等。最近，关于巴拿马海峡其他物种的综述提供了详细的证据支持上述研究，参见论文 *Great American Schism: Divergence of Marine Organisms after the Rise of the Central American Isthmus*，发表于 *Annual Review of Ecology, Evolution, and Systematics* 杂志，2008 年第 39 期，p63—91，作者：H. A. 莱西奥斯（H. A. Lessios）。

体中的小部分成员聚居在岛屿时（迁移或者偶然因素登岛，比如大陆物种的部分成员被植物漂浮物带到了一个"无人"岛）。在夏威夷岛上有不少这样的例子，很多植物、蛇甚至苍蝇仅在该岛上特有。比如，夏威夷岛有 26 个特有的苍蝇物种，它们在遗传特征上和周围其他岛屿上的苍蝇非常相似，而那些岛屿在夏威夷岛产生之前就已经存在了。研究认为，更早岛屿上的苍蝇因为偶然因素跨过了岛间 46km 的水域，来到夏威夷进而演化成新的物种。[1] 之后，我们将会看到更多关于奠基者效应（*founder effect*）物种形成的例子。

　　另一个关于外力隔断的经典例子是加拉帕戈斯岛上的许多物种。有 13 种鸟类（雀科，*Geospiza*），遗传分析显示它们彼此非常接近。除此之外，这些鸟类最近的近亲是 1 000km 以外南美大陆上的雀科小鸟。显然，加拉帕戈斯岛上的鸟经过了环境的塑造，它们的喙彼此不同。长期研究发现，有些喙的结构能非常有效地破碎种子，有些结构则利于从仙人球上采花，还有些结构便于捕捉昆虫。每一种鸟都有各自不同的生存方式，此外，它们的叫声也不同。本质上它们都属于雀科，分子生物学证据也证明了它们为南美大陆上雀科的近亲。目前，没有任何证据显示这些雀科小鸟在岛上独自经历了 500 万年（岛屿形成的时间）的演化，它们一定是从南美大陆迁移过来的。生物学家

---

[1]　这只是许多案例中的一个，参见论文 *Genetic Revolutions in Relation to Speciation Phenomena: The Founding of New Populations*，发表于 *Annual Review of Ecology and Systematics* 杂志，1984 年第 15 期，p97—131，作者：H. L. 卡森（H. L. Carson）和 A. R. 坦普尔顿（A. R. Templeton）。

彼得·格兰特（Peter Grant）和罗斯玛丽·格兰特（Rosemary Grant）（1978 年以来，他们基本每年都在岛上研究）的长期研究进一步确认了这些结论，并提出这些鸟类的祖先自 230 万年前迁移聚居至加拉帕戈斯岛以来[1]，逐渐分化形成如今的鸟类群体。[2]由生物大群体或小群体逐渐演化出新物种的起源方式不同，虽然这很有趣，但是这不是本书讨论的重点。[3]我们的重点在于明确，遗传（生殖）隔离，不管是如何发生的，最终会促使物种形成。

内因隔断（同域性物种形成）

在之前的例子中，我们很容易发现生物群体因地理因素等外力作用变化而被分隔。还有一些情况，遗传隔离是在生物群体内部产生，随之产生差异（显著但仍未完成的遗传隔离的结

---

[1] 参见论文 On the Origin of Darwin's Finches，发表于 Molecular Biology and Evolution 杂志，2000 年第 18 卷第 3 期，p299—331，作者：A. 萨托（A. Sato）等。

[2] 参见 The Beak of the Finch: A Story of Evolution in Our Time，J. 韦纳（J.Weiner）著（纽约：兰登书屋，1995 年出版），了解由基金资助的长期研究及非凡的成果。同时可参考科研报道 The Allopatric Phase of Speciation: The Sharp-beaked Ground Finch (Geospiza difficilis) on the Galapagos Islands，发表于 Biological Journal of the Linnean Society 杂志，2000 年第 69 卷，p287—317，作者：P. R. 格兰特（P. R. Grant）、B. R. 格兰特（B. R. Grant）和 K. 彼得伦（K. Petren）。

[3] 地理隔离因素通常可以促进在较大的遗传隔离群体中的物种形成，而较小群体的物种形成伴随着奠基者效应，即我们在第三章中见到的小规模的初始群体的奠基者效应。对我们来说，这些区别并不重要。技术性的综述参见 Speciation 第 3 章，全面的概述参见 Frogs, Flies, and Dandelions—Speciation, The Origin of New Species。

果），最终导致新的物种形成。这便是同域性物种形成，在本书中我们称之为内因隔断。

比如亚洲绿莺（柳莺属，*Phylloscopus*）围绕青藏高原（平均海拔 4 500m 以上，高于瑞尼尔山）呈广泛的环状分布。对于这个物种的研究发现，青藏高原四面的绿莺在遗传上非常接近，彼此有交配繁殖的潜力（满足属于同一物种的标准），但是实际上它们不是全部可以互相交配的。这不是因为它们被完全隔离，围绕高原分布的相邻的群体之间可以交配繁殖。但是高原（鸟无法飞越穿过）周围产生了 4 个主要的鸟群，随着时间的推移，它们之间不同的鸣叫声似乎影响了求偶时的行为偏好，进而阻止群体间的互相交配。这种遗传隔离导致了青藏高原周围的物种形成。❶正如前文提及的，还有其他的物种形成类型，但是它们不在本书讨论的范围内。本书的重点是明确遗传隔离（不管它是什么类型）是物种形成中最关键的一环。仅仅隔离不一定能导致物种形成，但是大环境的改变可以造成选择性环境随之变化，当生物群体被隔离后，它们可能会随时间流逝而被新栖息地的选择环境重塑，进而产生足够大的差异，这样，物种形成便发生了。

由此，遗传（生殖）隔离导致的群体间的隔离，促使个体（原先是一个物种）间的差异随时间慢慢积累，最终导致物种形成。

---

❶ 原始报道参见 D. E. 欧文（D. E. Irwin）的两篇论文：*Speciation by Distance in a Ring Species*，发表于《科学》，2005 年第 307 卷，p414—416，以及 *Song Variation in an Avian Ring Species*，发表于 *Evolution* 杂志，2000 年第 54 卷第 3 期，p998—1010。虽然这是一个有趣的例子，但仍需要更多的研究数据支撑，参见 *Speciation*，p102—103。

表 9 总结了物种形成的主要模式。

表 9 物种形成的主要模式

物种形成的主要模式	群体间隔离的原因	群体分化的原因	例子
外力隔断（异域性物种形成）	原先能够互相交配繁殖的群体被完全地理性隔离	处于区域 A 和区域 B 的群体逐渐适应了环境，积累了差异	巴拿马大陆桥分隔了太平洋和大西洋的枪虾群体，它们随之产生了分化
内因隔断（同域性物种形成）	原先能够互相交配繁殖的群体间产生了行为隔离	如在食物紧缺的条件下，通过性选择，平衡选择或特化，由祖先群体产生不同的分支	非洲湖鱼的交配偏好逐渐产生差异，导致生殖隔离和遗传分支的形成

观察物种形成

1922 年，遗传学家威廉·贝森特（William Bateson，1861—1926）写道："进化理论在大体轮廓上是清晰的，但是关于物种起源和本质的基本理论仍旧很模糊。"[1] 我们看到，目前的

---

❶ M. D. 怀特（M. D. White）在其著作 *Modes of Speciation*（旧金山：W.H. Freeman 出版社，1978 年出版）中的第一页提及了格雷戈里·贝特森（Gregory Bateson，1904—1980）。格雷戈里·贝特森是威廉·贝森特的儿子，后来成为生物学巨匠，参见 J.P. 奥夫梅耶（J.P. Hoffmeyer）编著的 *A Legacy for Living Systems: Gregory Bateson as Precursor to Biosemiotics*（纽约：Spinger 出版社，2008 年出版），第 2 卷，p93—119 中 L. E. 布鲁尼（L. E. Bruni）撰写的 *Gregory Bateson's Relevance to Current Molecular Biology* 部分内容。

情况发生了很大改变。

　　进化论反对者最希望看到的证据是物种形成本身，即从一个原有的物种中产生一个新的生命种类。由于无法简单直观地看到物种形成，很多人就认为进化论是"错误的"。我们会证明进化理论并没有错，此刻先来解释一下物种形成难以直观察觉的三个原因。

　　第一，物种形成通常是非常缓慢的，至少需要几个世纪的时间。在生殖隔离发生后，需要时间积累足够多的差异，使曾经属于同一物种的群体之间无法互相交配繁殖。但是上述量变到质变的过程如何界定？是对群体内所有的潜在配偶都进行实验检测？是当 100% 的交配都无法产生健康子代还是达到 70% 时就认定物种形成的发生？依靠这种方法检测物种形成缺乏可行性，就像在太空中检测引力一样不切实际。但是科学家们使用了数学方法进行预测，最终使得我们的月球登陆车和其他航天器可以一次又一次精确地达到理论目标。

　　我们不会因为看不到月球背面而否认它的存在，事实上直到 1968 年阿波罗 8 号环绕月球轨道飞行时人类才亲眼看到月球是圆球状的，而且它是有背面的。在亲眼所见之前，我们就已经知道它是事实了。对于物种形成而言同样如此，只要生殖隔离的时间足够长，变异和选择的基本属性就决定了物种形成是必然的结果。要求我们可以实时"看到"物种形成的发生是非理性的，事实上它也不可能实时演示。微风什么时候变成了强风？热带风暴何时变成了龙卷风？一种花群何时"变化"成为两种群体？没有明确的界线来区分这些事情，但是我们知道它们发生了，并且我们能看到它们。

第二，某些物种形成可以通过一些新技术进行研究。如同我们需要新技术来理解宇宙中的"光点"不仅仅是光点，而是整个星系一样。考虑到人类寻找物种形成的证据只有 160 多年的历史，我们无法详细列举成千上万种物种形成的例子来回应进化论反对者的质疑。事实上，与过去几十年生物学家使用的研究方法相比，新的技术方法更适用于研究进化。在 2004 年的一篇论文中，生物学家托马斯·D. 科克指出："经典的脊椎动物模式生物不适合用来研究生命对环境的适应，目前出现的一些新的研究方法促进了生态学、进化生物学和基因组学的融合……基因作为共识，让理论家和经验主义者能够一起探讨物种形成过程中不同进化动力的重要性。"❶ 另一种研究观察物种形成的方法常常是论证我们观察到的现象的唯一合理解释，这通常在分析物种形成的大量化石证据时，以及分析多种生命形式在漫长的历史长河中保留下来的遗迹时有所应用。我们在证明一件事情发生时，并不需要亲身出现在那个时刻。我们通过挖掘火山灰堆找到了意大利庞贝城，发现了当时在街道和小巷中逃亡居民的遗迹。人不可能从公元 79 年活到现在，但是我们不会因为没看到它的发生，就去怀疑庞贝城当年被火山灰迅速覆盖掩埋这一灾难事实。同样，我们不会因为生物学家没有亲眼看到物种形成而否认进化的存在。

----

❶ 参见论文 *Adaptive Evolution and Explosive Speciation: The Cichlid Fish Model*，发表于 *Nature Reviews Genetics* 杂志，2004 年第 5 卷，p288—298，作者：托马斯·D. 科克（Thomas D. Kocher）。

最后，向进化论反对者证明进化的存在，不再是生物学家的责任。所有的数据均来自多种学科 160 多年来的研究积累，形成的理论解释了大量的生物进化现象，我们确信它们是真实发生的。生物研究的方向不能再被那些从信仰上反对进化论的人左右，因为生命科学不属于宗教范畴。事实上，现在轮到进化论反对者努力来推翻（如果可能的话）大量支持进化论的证据了。

进化论反对者对进化理论最常见的质疑就是认为我们无法观察到它，其实这十分愚蠢。前文已经解释了原因，接下来也不再赘述。❶

还需要注意的一点是，有时人们对进化论的争论会演变成唯我论，因为这些人认为科学毕竟也是一种信仰，而且这种信仰不比其他知识系统知晓更多。首先，科学不是信仰，它需要证据来证明自己的观点。恰恰相反，信仰是无条件、无理由地相信。其次，我还没有找到任何一个人，愿意通过比如从十层楼跳下来的方式检验"宇宙仅是人类想象出来的"这个观点。如果这是真的，如果我们所有的"认知"是社会构建的幻觉，即除了人类之外没有所谓的现实，那么那一"跳"也将会毫无意义（逻辑悖论）。卢克莱修在很早之前就看穿了这一点："如果有人认为任何事都无从知晓，那么他应该也不会知道他自己的这个观点，因为他必须要承认他什么都不知道。对于为此殚精竭虑

---

❶　进化论反对者认为野外实地研究无法观察到物种形成，而进化论支持者认为我们能够在实验室里看到物种形成，反对者继续提出实验室是非自然的环境。但我们在实验室中看到的很多其他的生物学过程却没有人质疑，例如细胞分裂。其实，在实验室的条件下，某些生物学过程只是变得更容易观察而已。

的固执对手，我不会浪费时间为自己辩护。"❶

我也认同卢克莱修。花时间回应这样的质疑是在浪费生命。斯蒂芬·杰伊·古尔德说得好："在科学领域，真相的意思仅仅是通过证明获得大家阶段性的赞同。我认为苹果明天可能会开始变红，但这种可能性不能用物理概念上的时间衡量。"❷ 正如苹果不是从地里长出来的，生命也不是一成不变的，它们会变化，在变化的过程中，产生了"进化"。

让我们回归理性，人类不仅在创造世界，也在发现并理解世界。

观察物种形成：田纳西洞穴蝾螈

在一些露天物种及其穴居近亲的分化（生殖隔离）过程中，我们观察到了物种形成的一些例子。之前，此类物种形成只能通过这些生物的解剖结构和交配繁殖能力来推断。如今，我们有能力通过比较这些生物的基因来鉴别物种形成。

一个经典的例子来自田纳西的洞穴。在洞穴内外居住着一些蝾螈种群（都是泉蝾属，*Gyrinophilus*），露天的蝾螈被称为春季蝾螈，而穴居的群体被称为洞穴蝾螈。来自田纳西的一个研究小组在 42 个不同地点分别收集了两种蝾螈 109 条尾巴的DNA 样本。通过比较基因组，研究人员发现两者的 DNA 序列

---

❶ 参见 *On the Nature of the Vniverse*，p107。
❷ 参见斯蒂芬·杰伊·古尔德 1982 年撰写的论文 *Evolution as Fact and Theory*，可访问 http://www.harvardsquarelibrary.org/speakout/gould.html。

非常相似，证明它们在遗传上十分接近。然而，与露天的蝾螈群体相比，居住在洞穴中的蝾螈具有洞穴特异性的遗传特征。比如洞穴蝾螈（最初由露天种群演化而来）的眼睛都退化了，而春季蝾螈（眼睛功能正常）居住在露天环境中，光照充足，对它们而言视觉是一个有用的感官。根据它们的身体外观（穴居蝾螈缺少露天居住时会用到的特征）和内在基因，目前合理的推测是，洞穴蝾螈最初是由露天居住的蝾螈种群演化而来的，一种新的生命类型在形成中——物种形成的雏形。❶

我们之前也进行过类似的基因比对，那么问题来了：如果各类生物都是精确的、独立的，且都是由超自然力创造的恒定不变的类型（因为它们具有超自然力规定的功能），为什么它们会和近亲物种之间如此相似？那些露天的蝾螈和穴居的蝾螈应该具有较多不同的DNA,（完美地）适用于它们各自独特的生活，但这并不是现实。因为我们看到的是两种蝾螈之间具有相近的遗传关系，其中，洞穴蝾螈展现了适应其栖息环境的独有特征。如果这些生物是通过非进化机制产生的，为什么洞穴蝾螈会长出一双发育不完全的眼睛？只有进化论的解释可以讲得通，洞穴蝾螈是由露天的蝾螈群体演化而来的，眼睛作为身体的组织需要消耗能量来维持其功能，所以在黑暗少光的洞穴环境中被逐渐淘汰了，最终产生了不同种类的蝾螈。这就是进化。

---

❶ 参见论文 *Recent Divergence with Gene Flow in Tennessee Cave Salamanders (Plethodontidae: Gyrinophilus) Inferred from Gene Genealogies*，发表于 *Molecular Ecology* 杂志，2008 年第 17 卷，p2258—2275，作者：M. J. 尼米勒（M. J. Niemiller）、B. J. 菲茨帕特里克（B. J. Fitzpatrick）和 B. T. 米勒（B. T.Miller）。

观察物种形成：伦敦地铁的蚊子

在人工条件下，由生殖隔离导致物种形成的典型例子来自伦敦地铁。在那里，生物学家凯瑟琳·伯恩和理查德·A. 尼科尔斯发现地面上的北方家蚊（*Culex pipiens*）在地下有一个对应的亚种——地下家蚊（*Culex pipiens molestus*），因其栖息在地下（这种恼人的害虫在第二次世界大战时期躲避在地下）而得名。地下家蚊和北方家蚊有几处不同：地下家蚊只在地下交配，而北方家蚊只在户外配繁；地下家蚊吸哺乳动物的血液，而北方家蚊更喜欢鸟类的血液；因为地铁内环境温暖，地下家蚊终年活跃，而北方家蚊在冬天会进入滞育状态（发育停滞，类似冬眠）。伯恩和尼科尔斯采集了地下和地面的蚊子样本并试图让它们进行交配，可以想象，自从地铁建成以来（19世纪60年代开始投入使用，逐渐产生地下家蚊），两种蚊子积累的差异使得交配无法成功。遗传学分析显示两种蚊子关系非常密切。是否有可能地下家蚊群体只是从其他地方迁移过来的，而不是从北方家蚊演化而来？最近的遗传学研究显示两种蚊子可能和来自更温暖地区的蚊子种群有关联，但毫无疑问的是，地下家蚊适应了地铁环境而且在地下被生殖隔离了。这就是一个生殖隔离（也是物种形成）的例子，生物学家推算这个过程经过了几百次的传代。❶

---

❶　参见论文 *Culex Pipiens in London Underground Tunnels: Differentiation between Surface and Subterranean Populations*，发表于 *Heredity* 杂志，1999年第82卷，p7—15，凯瑟琳·伯恩（Katharine Byrne）和理查德·A. 尼科尔斯（Richard A. Nichols）。

观察物种形成：蛤虫和果蝇

全世界有大量的实验室在研究观察物种形成的机制，现存的争议源于有些物种形成的案例的确经过了实验室的设计。但不能因此认为物种形成的概念有误。一方面，这些物种形成是在实验室之外被观察到的；另一方面，由于时间和后勤的原因，相比于野外，许多过程在实验室里更容易被观察和记录。

在实验室观察物种形成的一个早期案例是蛤虫（*Nereis acuminata*）——一种长毛的海底生物。20 世纪 60 年代早期，研究人员将在加州海滩收集的少量蛤虫送往马萨诸塞州的伍兹霍尔海洋研究所，在那里这些蛤虫经繁殖扩群至几千个个体。大约 30 年后，研究人员在加州海滩附近水域里收集了更多的蛤虫，并试图将它们与之前研究所里的蛤虫种群进行交配（研究所里的蛤虫群体和加州海滩附近水域里的蛤虫被完全隔离了 30 年）。结果令人震惊，在 100 多次尝试中，新收集的野生蛤虫和实验室蛤虫之间的交配成功率为 0。实验室蛤虫群体出现了分化，我们在实验室里观察到了物种形成。❶ 还有一个例子，希腊生物学家乔治·基里亚斯在野外收集了大约 600 只果蝇，并将其隔离在实验室环境中数年。将半数果蝇置于黑暗、低温环境中，将另外一半放在光亮、温暖的条件下，实验人员给所有的果蝇提供玉米粉食物。当基里亚斯把两种不同环境下成长起来的异性果蝇放在一起时，其

---

❶ 参见论文 *Evidence for Rapid Speciation Following a Founder Effect in the Laboratory*，发表于 *Evolution* 杂志，1992 年第 46 卷第 4 期，p1214—1220，作者：J. R. 魏因贝格（J. R.Weinberg）、V. R. 苏查克（V. R. Starczak）和 D. 乔治（D. Jörg）。

交配成功率大大下降。还记得交配前的生殖隔离吗（即同类物种种群中的成员互相不愿意交配）？这里的果蝇就是例子，在实验室繁育了80多代以后，产生了交配前的生殖隔离。在实验室产生的隔离和分化与在自然界中产生的有何本质区别？ ❶

观察物种形成：全球的刺鱼

对于验证进化理论中物种形成的所有假设，新的分子生物学技术带来了革命性的新方法。源源不断的研究报道从本质上证明了达尔文进化理论的正确性。其中，对于刺鱼（一种遍布北半球的活泼的小鱼）的系列研究是最令人惊叹的案例之一。刺鱼有些生活在海洋中，有些生活在淡水里。地理学研究显示，在上个冰河世纪末期（上万年前），全球海平面急剧下降，如今的淡水刺鱼被隔离在湖和其他水体中。当上述地理变化发生时，如今的淡水刺鱼和海水刺鱼之间就产生了生殖隔离。接下来又发生了什么？可以想象：淡水刺鱼群体通过变异和选择开始改变，以适应淡水环境。淡水刺鱼逐渐地丢掉了祖先身上的甲胄和骨盆棘，而这些正是海水刺鱼典型的防御特征。科学家们正在研究为什么去除这些特征能让淡水刺鱼更适应环境，也许是因为甲胄和骨盆棘这些防御特征在淡水环境中没有用武之地，因此，淡水刺鱼便不需要提供额外能量来维持这些组织结构，于是，"它们"就逐渐地被选择淘汰了。换句话说，淡水刺鱼（不管什么原因）能够在没有这

---

❶ 参见论文 *A Multifactorial Genetic Investigation of Speciation Theory Using Drosophila melanogaster*，发表于 *Evolution* 杂志，1980 年第 34 卷第 4 期，p730—737，作者：乔治·基里亚斯（George Kilias）、S.N. 阿拉希奥蒂斯（S.N. Alahiotis）和 M. 皮勒卡诺（M. Pelecanos）。

些防御特征的情况下很好地生存（具体原因现在仍在研究中）。

最令人震惊的是上述现象在不同地域的刺鱼群体中都发生了，比如在冰岛和英属哥伦比亚。在这些地方（还包括日本和其他国家、地区），淡水刺鱼在被隔离后都发生了相同的变化，它们都丢掉了甲胄和骨盆棘。除了外形的改变，还有相同的遗传基因变化：和骨盆棘相关的 *Pitx1* 基因，在淡水刺鱼种群与海水刺鱼种群中存在显著不同。*Pitx1* 基因在多种生物中具有保守的功能，对于后部躯体的发育非常重要（如哺乳动物的后肢以及刺鱼的骨盆棘）。很显然，在过去的 1 万年间，*Pitx1* 基因在这些独立的刺鱼群体中产生了相同的变异，促成了更多没有甲胄和骨盆棘的淡水刺鱼的产生。这一切都是在过去的 1 万年间发生的，因为这些淡水刺鱼生活的湖和其他水体在更早之前的冰河世纪并不存在（那时大陆被冰覆盖）。❶ 我们不仅能随时间流逝

---

❶ 关于刺鱼进化有很多研究文献，就像研究果蝇、加拉帕戈斯地雀及不同种类的花那样普遍。全世界有 100 个左右的实验室研究刺鱼的进化。这篇论文是关于刺鱼进化的综述，包含了精美的图片，参见 *Changing a Fish's Bony Armor in the Wink of a Gene*，发表于《科学》，2004 年第 304 卷，p1736—1739，作者：E. 彭尼西（E. Pennisi）。一篇技术性文章研究了刺鱼的 *Pitx1* 基因，参见论文 *Genetic and Developmental Basis of Evolutionary Pelvic Reduction in Threespine Sticklebacks*，发表于《自然》，2004 年第 428 卷，p717—723，作者：M. D. 夏皮罗（M. D. Shapiro）等。更多持续关注 *Pitx1* 基因和刺鱼进化关系的文章，可参见 *Natural Selection and Parallel Sympatric Speciation in Sticklebacks*，发表于《科学》，2000 年第 287 卷，p306—307，作者：H.D. 朗德尔（H.D. Rundle），这是一篇关于刺鱼进化的全面综述。还可参见 *Speciation in Nature: The Threespine Stickleback Model System*，发表于 *TRENDS in Ecology & Evolution* 杂志，2002 年第 17 卷第 110 期，p480—488，作者：J.S. 麦金农（J.S.McKinnon）和 H.D. 朗德尔，这是一篇图文并茂的探讨刺鱼进化的论文。

看到刺鱼外形的变化以及相关基因的变异，我们还能看到，即使在淡水湖的刺鱼群体内部也存在显著的生殖隔离。在一项关于英属哥伦比亚湖淡水刺鱼的研究中，人们发现生活在不同水平面（深水区和浅水区）的刺鱼更倾向于和同一水域的刺鱼进行交配（从刺鱼角度来说，更喜欢和"本地鱼"交配）。尽管这种生殖隔离还没有使两种水平面的刺鱼群体具有新的、不同的物种名称（请记住，科学是缓慢发展的），但是综合所有的研究证据表明，它们确实像是不同的物种，在过去的一万年间经过增殖、变异和选择而逐渐产生分化，以适应各自的生活环境（不同水深）。这就是进化。

观察物种形成：巴哈马食蚊鱼和东非刺壳鱼

最完整的科学研究用了不同角度的证据来支持或驳斥物种形成的假说，不管多少次，最后的结果都一样，物种形成发生了。一项通过调查巴哈马食蚊鱼的行为、体长和遗传背景的研究发现，居住在不同"蓝洞（岛上圆形的水体）"中的食蚊鱼群体在过去几千年间产生了分化，这种分化通常由不同蓝洞中鱼群特有的捕食行为导致。[1] 在过去的几十年间，大量关于东非刺壳鱼（*cichild fishes*）的研究显示了许多物种形成的案例。地理学证据显示，在很多情况下（比如维多利亚湖区），刺壳鱼在较近的地质年代聚居。维多利亚湖区的鱼群在过去的两万年中产生了"辐射

---

[1] 参见论文 *Ecological Speciation in Gambusia Fishes*，发表于 *Evolution* 杂志，2007 年第 61 卷第 9 期，p2056—2074，作者：R. B. 朗格汉斯（R. B. Langerhans）、M. E. 吉福德（M. E. Gifford）和 E. O. 约瑟夫（E. O. Joseph）。

适应"现象，由最初的祖先鱼群"辐射"进入许多新的栖息地并逐渐适应环境，最终产生了 500 种以上的刺壳鱼物种，它们各自有独特的 DNA、摄食习惯、行为等。❶遗传学证据再一次显示这些鱼类是相近的生物，它们都是由共同的祖先演化而来的。我们可以思考这些遗传上相近的物种究竟是凭空出现的（自然界中从未见到过这种现象），还是由一个共同祖先，在维多利亚湖区不同的亚栖息环境中，经过长时间的增殖、变异、选择逐渐演化而来的。

马拉维湖区刺壳鱼物种形成的发展史更长，通过对其遗传和解剖的重构显示，至少存在两个物种形成的阶段。首先，刺壳鱼适应了岩石质或沙土质的栖息环境。然后，由于这些栖息地食物的不同，环境的选择性塑造了刺壳鱼摄食器官（嘴、牙齿和下颌）的不同，逐渐演化出如"刮食"或"吸食"等不同的摄食方式。

刺壳鱼的下颌是物种形成过程中改变最大的特征之一，因为不同的群体需要适应不同类型的食物和摄食方式。最近的遗传学研究显示，刺壳鱼下颌的发育由一系列基因控制，我们可

---

❶ 之前的研究报告称维多利亚湖在 15 000 年前曾完全干涸，后来经历过生物的两次"移居"，这一观点曾受到质疑。经过对 DNA 的研究确认，不管湖水是完全干涸还是部分流失，维多利亚湖刺壳鱼的多样性是"辐射适应"和物种形成的结果。参见论文 *Pleistocene Desiccation in East Africa Bottlenecked but Did Not Extirpate the Adaptive Radiation of Lake Victoria Haplochromine Cichlid Fishes*，发表于 *Proceedings of the National Academy of Sciences (USA)* 杂志，2009 年第 106 卷第 32 期，p13404—13409，作者：K. R. 凯尔默（K. R. Elmer）等。

以通过对基因的分析具体明确这些变化是如何发生的。❶ 我们不需要去伸手搅动水然后说："哇，这些鱼随着时间在改变。"现在我们可以挑选出特定的基因（这些基因可以产生蛋白质，或者控制其他基因的开关并调节发育），分析到底发生了什么，哪个碱基对或者密码子在变异过程中发生了改变。这些变异是环境选择的结果，导致了如今不同种类物种的形成。这就是进化。

观察物种形成：中美洲的火山坑

我们再介绍一个最近关于鱼类（及其他生物）物种形成的研究工作：它们通过占据新的栖息地逐渐演化出不同类型的新物种。这是来自尼加拉瓜火山坑刺壳鱼的案例。地理学分析显示，这个尼加拉瓜火山坑大约在 23 000 年前的火山爆发时期形成，经过雨水的填充后水深超过 183m，成了两种刺壳鱼（彼此之间生殖隔离）的栖息地。其中，体型较小的札里双冠丽鱼（*Amphilophus zaliosus*）牙齿尖锐，而较胖的橘色双冠丽鱼（*Amphilophus citrinellus*）牙齿较平。对鱼胃里的存物检测显示，札里双冠丽鱼主要以昆虫为食，而橘色双冠丽鱼主要吃藻类和其他植物。虽然这两种鱼的体型和食谱不同，彼此之间也不进行交配，但是两者在遗传上却非常相似，然而它们与另外 6 种尼加拉瓜湖中的刺壳

❶ 参见论文 *Genetic Basis of Adaptive Shape Differences in the Cichlid Head*，发表于 *Journal of Heredity* 杂志，2003 年第 94 卷第 4 期，p291—301，作者：R. C. 艾伯森（R. C. Albertson）、J. T. 斯翠尔曼（J. T. Streelman）和 T. D. 科克（T. D. Kocher）。刺壳鱼进化的综述参见 *Adaptive Evolution and Explosive Speciation: The Cichlid Fish Model*，发表于 *Nature Reviews Genetics* 杂志，2004 年第 5 卷，p288—298，作者：T.D. 科克。

鱼之间却存在很大差异。目前认为火山坑是最近 20 000 年形成的，栖息于此的刺壳鱼祖先后来演化出两种不同（包括体型、食谱、DNA 和交配习性）的鱼类，这就是物种形成。

为何不是一开始就有两种刺壳鱼占据了火山坑？因为遗传上它们太接近了，几乎无法分辨，两者之间的遗传距离远远小于它们和其他种刺壳鱼的遗传距离。我们是否能通过"飞机黑匣子"的数据分析当时发生了什么，即使没有亲眼所见？当然可以。那么我们是否能够通过这些刺壳鱼的遗传数据确认过去发生的事儿，即使没有亲临现场？当然也能。这就是物种形成，它写在了基因里。

观察物种形成：西部的龙头花

龙头花是一种色彩多样的植物，遍布美国和加拿大的西部，现今的种类数量大于 100。早在 20 世纪 70 年代就有关于俄勒冈州龙头花物种形成的研究报告，最近更多的研究通过使用现代分子生物技术，显示了龙头花的新物种形成。有一项研究比较了加州高海拔地区和低海拔地区的龙头花群体。虽然两种植物在遗传上非常相似，但高海拔地区的龙头花是粉红色的，由蜜蜂授粉，而低海拔地区的龙头花是红色的，几乎所有的授粉都是由蜂鸟完成。传粉者的不同意味着很强的生殖隔离，高海拔地区的蜜蜂不会将花粉带给低海拔地区的龙头花，同样，低海拔地区的蜂鸟极少会对高海拔地区的龙头花授粉。[1] 这些龙头

---

[1]　参见论文 *Sympatric Speciations in Nicaraguan Crater Lake Cichlid Fish*，发表于《自然》，2006 年第 439 卷，p719—723，作者：M. 巴鲁因加（M. Barluenga）等。

花并没有被完全隔离，在高低海拔地区的交界处，存在上述两种龙头花的杂交子代。但是这些杂交子代并不健康，产生的种子数量也少。两种龙头花遗传上的相似显示了其本质关系，但是强生殖隔离减少了它们之间的基因流动。目前，这些花被认为是不同的物种（高海拔地区龙头花：*Mimulus lewisii*；低海拔地区龙头花：*Mimulus cardinalis*），基于遗传上的相似性（类似尼加拉瓜刺壳鱼），它们之间的差异可以看作是由不同海拔的不同授粉者引起的物种形成。这就是进化，除此之外，别无其他。[1]

观察远古的物种形成

在应用现代分子生物学证据之前，全世界的物种形成只能通过对化石和古生物的遗迹来研究。为了更好地理解它们的含义，我们需要了解化石形成的基本知识以及那些如白驹过隙的古生物在地球上生存的确切年代。

当动物或植物死亡后，在大自然的力量下，遗体可能被全部分解，也可能有部分残留。某些情况下，它们会通过一些自然过程保留下来，最常见的就是石化（有机组织被矿物质代替）。当有机体（树叶、骨头或其他组织）降解时，小的矿物质颗粒在

---

[1] 参见论文 *Components of Reproductive Isolation between the Monkeyflowers Mimulus lewisii and M. cardinali (Phrymaceae)*，发表于 *Evolution* 杂志，2003 年第 57 卷，p1520—1534，作者：J. 拉姆齐（J. Ramsey）、小 H.D. 布拉德肖（H.D. Bradshaw Jr）和 D.W. 舍姆斯克（D.W. Schemske），以及论文 *Pollinator Preference and the Evolution of Floral Traits in Monkeyflowers (Mimulus)*，发表于 *Proceedings of the National Academy of Sciences (USA)* 杂志，2003 年第 96 卷，p11910—11915，作者：D.W. 舍姆斯克和小 H.D. 布拉德肖。

石化过程中逐渐代替了有机组织。比如当植物或动物在湖岸附近死去，在被吃掉或者完全腐蚀掉之前遗体陷入泥沙或淤泥而被掩埋，石化就可能发生。那些沉积物能保护骨头或树叶，而泥沙中的矿物质随时间慢慢进入有机组织腐烂后的空腔。化石能高度还原生物的状态，它们甚至能保留牙齿上的刮痕及更微小的磨损。化石虽然不是古生物本身，但是能高质量地反映古生物的特征。

有很多方法可以确定化石形成的年代，在这里我们不做过多讨论。❶ 我们只需要知道，这些方法是经过检验的，可靠的。我们可以将一个已知确切年代的样本送到实验室，隐藏化石的真实年龄，静待分析结果。比如说，我们将样本分成3份，分别送到澳大利亚、英国和美国，由三地实验室完全独立地分析样本，通过放射性碳元素的检测，三地会得到一致的结果。这个结果是真实可信的，因为不同实验室对同一个检测样本犯相同错误的可能性基本为0。将古埃及的木头样本（历史文件记载约成于3 000年前）分别送到独立的实验室进行检测，每个实验室都会反馈给我们正确、一致的分析结果。因此，实验室样本年代分析检测的方法是安全可靠的。

有时我们的确需要修正我们的数据（好比虽然我们知道飞机飞行的工程原理，但仍存在极小概率的坠毁事件），但很少会出现重大错误，一旦出现，很快就会被发现并纠正。因为地理学家和化石勘探者不会只使用单一方法来确定化石的年龄，他们

---

❶ 确定化石年代方法的综述可访问 Smithsonian 研究所的网页 http://paleobiology.si.edu/geotime/main/foundation_dating1.html。

会同时使用多种方法独立检测并提供实验证据，得到最终结果。

最原始的化石年龄鉴定方法是判断化石的相对年代。如果过去和现在的地质过程差别不大，化石的位置顺序没有被打乱，那么位置较深的化石对应更古老的年代。因为随着时间的推移，在重力和腐蚀的作用下，沉积物会逐渐层层堆积。如果知道不同化石相对的位置深浅，那么我们可以按照时间先后将它们排列组合。时间顺序是非常重要的，因为生物群体随时间产生的变化就是它的进化过程。判断化石的相对年代是一个粗略但有效的方法，在 19 世纪被广泛使用。直到 20 世纪 50 年代，新的技术能够鉴定地层的绝对年代，精确显示从某个事件以来经过了多少年，比如熔岩凝固成岩石需要多少时间。这些技术能让我们以更高的精细度研究化石之间的年代间隔和相互关系。

物种大体上可以根据它们的外在特征形式（外形）进行判断，我们还可以确定远古物种的化石年代，这意味着我们可以随时间追溯一个特定物种的历史。普遍认同的物种概念是由恩斯特·迈尔提出的，即物种是可以交配并繁衍的群体，这个概念需要确定群体中任意两个不同性别的个体是否可以配繁。对于已经成为化石的远古生物，我们无法进行测试，因为它们早已不存在了。但我们不会就此放弃，就像侦探破案一样，我们可以进行推论：通过全方位、多层次的独立证据链，我们能确定过去到底发生了什么。

在通过化石记录研究物种形成的过程中，我们确定物种形成理论能够同样解释化石证据（就像解释我们对现实世界的观察那样）。在现实世界，我们看到了增殖、变异和选择，我们没有看到物种能够突然间"无中生有"。没有理由可以否定上述增殖、变异和选择在过去的存在。过去和现在一样，生命都由相同的 DNA 编码（本书在后面章节会提到，在对远古生物的研究中发现了已经存在数百万年的 DNA）。

我们如何通过化石记录知道物种形成的发生？总体来说，当发现化石生物样本间出现了类似于现存物种间的差异变化，我们就可以认为物种形成发生了。如果在那些样本中看到随时间而产生的连续变化（差异较小），我们很有可能正在观察某种生殖隔离的过程，最终导致了后续的物种形成（差异足够大）。

事实上，我们没有必要指着两块化石样本说"这是物种 X，这是物种 Y"，来表明进化发生了。因为，明确物种产生特定的时间点并没有那么重要，关键在于我们要明白物种是随时间不断变化的，这种变化最终会产生新的生命种类。正如多勃赞斯基的观点：物种是一个阶段，不是最终的结果。

观察物种形成：远古浮游生物

通过古化石物种记录观察物种形成最经典的案例之一是对赤道附近太平洋海底沉积物的研究。地质年代测定法测定出这些沉积物样本横跨了约 200 万年，即从 340 万年前到 160 万年前。生物学家乌尔夫·索汉努斯的研究显示这些沉积物的核心包含了数以百万计的锥形微小浮游生物——根管藻（*Rhizosolenia*，每品脱海水中含有数百万的根管藻）。索汉努斯和他的同事们通过显微镜观察了 5 000 多个根管藻的化石样本，发现在最早时期（约 350 万年前），这些浮游生物的透明区域（和摄食相关的身体结构，摄食器）尺寸大约为 4um（1um=1.0×10⁻⁶m）。但 300 万年前的样本显示，虽然许多根管藻的摄食器尺寸仍保持在 4um，仍有相当部分个体的摄食器有变小的趋势。在此（300 万年前）之后的所有样本中，我们可以清晰地观察到两种完全不同的根管藻群体：一种根管藻的摄食器和 350 万年前的根管藻相同，另一种则是全新的根管藻种类，其摄食器的尺寸与原始根管藻摄食器相比缩小了 3/4 倍。❶ 原始根管藻和新根管藻在结构上的差异（摄食器的不同），与我们现今在相近但不同的物种之间观察到的差异类似。没有其他解释，我们可以认为根管藻群体祖先由于某些原因，在 300 万年前开始分化，逐渐演化成两种不同的根管藻，即物种形成。

上文提出了"没有其他解释"，这些证据是否还有其他合理的解读？在科学范畴内是否存在某种已知的机制能让新的生命物种凭空产生，并且随着时间的推移，把它们和其他物种一同埋葬？没有。众所周知，我们可以根据案发现场的证据还原案件发生的细节，即便我们没有亲眼看见。同样，我们基于上述化石证据可以推断，在 300 万年前的某处，原始根管藻的物种形成发生了。

观察物种形成：化石祖先

关于物种形成，最有说服力的证据也许来自原始人类（大型

---

❶ 参见论文 *Iterative Evolution in the Diatom Genus Rhizosolenia (Ehrenberg)*，发表于 *Lethaia* 杂志，2001 年第 24 卷第 1 期，p39—44，作者：乌尔夫·索汉努斯（Ulf Sorhannus）等。

两足灵长类）的化石记录。过去人科人属下面包括了多个物种，如今唯一存活的只有我们——现代智人。在非洲挖掘出的上百件早期原始人类的骨化石，年代鉴定为距今600万~100万年前。世界上最好的地质学家用了数十年的时间对化石挖掘地点进行了年代断定，虽然偶有争论，但是大家一致同意年代测定的基本结果。研究人员通过采用多种独立的方法，对不同样本进行了成百上千次的研究，通过得到的数据最终绘制出了极其精细的年代表（时间顺序）。

在这个年代表记录的初期，化石样本看起来有点儿像黑猩猩，也有点儿像人类。到了中期，我们发现化石样本的特征越来越像人类，不仅仅是头骨与颌骨的形状，还包括整个运动骨骼以及和运动相关的骨元素。大约300万年前，化石证据清楚地表明有部分灵长类完全站了起来，靠双足直立行走。同样，独立的研究方法再次确认了我们对化石的研究结论。莱托里脚印，由古人类学家玛丽·利基（Mary Leakey，1913—1996）于1978年在坦桑尼亚莱托里发现的一长串脚印，距今约360万年。只有直立行走的灵长类才能"制造"出这样的脚印，遗传学研究显示人类和黑猩猩的差异出现在600万~800万年前。

200万年前的化石证据显示，有些原始人类的脑壳尺寸显著大于它们的祖先，直到100万年前，原始人类的一个分支（一种大型直立猿）突然消失了。在他们灭绝的同时，另一支原始人类（脑壳尺寸较大，牙齿较小，和现代人类相似）生存了下来。在更近年代的地质层中，我们看到了他们的化石记录在继续。解剖学家一直在争论到底在哪个时间点可以确认人属的第一个成员的出现，与之前的原始人相比，他们具有更大的脑容量以及更小的牙齿，考古学证据还显示他们能够使用石器工具。我们在化石记录中看到，数百个百万年前的骨化石样本显示了原始人类从早期类似黑猩猩的形态逐渐递进，演化出现代人的特征。无论在何时，当我们想要划出人类首次出现的时间线，总会发现化石记录清晰地显示了一个连续的过程。在这个过程中，人类的脑容量不断变大，牙齿在持续变小，对生存工具的依赖性也在逐渐提高。这就是我们人类的进化。通过观察 10 万年前的人类遗迹，我们已经无法将那时的人类和现代人群区分开，这种现象称为解剖学现代性（anatomical modernity），它标志着现代人类的出现。但请记住，他们不是凭空出现的。成百上千的化石记录显示了他们也具有进化的历史（就像其他具有完整化石记录的生命物种一样）。

我们又回到了同样的问题：自然世界中是否可以凭空产生新的、前后毫无关联的生命类型，就像上述不同的人属物种一样，然后再把他们一同丢到化石遗迹中？没有，我们通常看到的是一个物种渐进式的转变，或进化成为另一个物种。❶ 如果真的有这样凭空产生的"机制"，那么为什么这些化石记录会呈现出一定的时间顺序，从早期的黑猩猩形态逐渐变化接近现代人类（为何不是随机出现）？如果自然界存在这种假想驱动力，那

---

❶　关于生命形式是逐渐改变（渐进演化）还是快速跳跃（间断式进化）的争论持续了很长时间。对于我们来说，无论是化石记录还是现存物种，都有证据显示两者的存在，重要的是它们都没有否定进化论，争论只是关于进化是如何发生的。想要了解这些学术争论可以参见 *Encyclopedia of the Life Sciences*（2002 年版）。

么它没有理由仅仅只产生不变的或者和其他物种接近的生命类型（自然界应该不断涌现出完全不同的生命体）。但是化石记录让我们清楚地看到，生命的变化是有规律的，那些化石中彼此不同的原始人类的演化过程和今天我们周围不同的物种相似，现代人类是由原始人类逐渐演化出来的。❶ 我们讨论了很多物种形成的案例，但这些案例仅是自然界中的一小部分。我们从遗传学、行为学以及解剖学角度探讨了物种形成的过程，研究观察了自然环境和实验室中的生物群体，甚至还包括了保存在化石中的生物遗迹。现在轮到那些进化论的反对者来举证反驳物种形成的过程了，他们需要其他自然过程理论来解释所有的变化（过去的、现在的生命演化及新生命类型的产生）。

物种形成和进化

我们看到了生命的增殖以及这些生命个体组成的繁殖群体——可以称之为物种的自然隔离群体。即使在远古生物的遗迹中，这也是显而易见的，但是仅凭这些现象无法解释现今地球上数百万种生物的起源。为什么鱼类、植物、陆地动物或鸟类不只有一个种类？答案非常明确：我们知道生物群体会受到选择压力变化带来的影响，当它们生活在地球的不同角落时，

---

❶ 关于人属及其近亲的化石记录在很多书中都有记载，由于新发现层出不穷，很难实时更新这些数据。比较全面的综述可参见 *Principles ofHuman Evolution*，R. 卢因（R. Lewin）和 R. 福莱（R. Foley）合著（伦敦：Blackwell Science 出版社，2004 年出版）。关于拉托里脚印（*Laetoli footprints*）的视频介绍可访问 http://www.pbs.org/wgbh/evolution/library/07/1/l_071_03.html。

会面对不同的选择压力，从而产生新的群体。由于地理因素、解剖结构或个体行为等方面的差异，从祖先群体分化出来的亚群体之间会产生生殖隔离，长时间的选择压力也会让它们逐渐改变而形成新的物种，这就是物种形成的真相。

还有一种物种形成理论，称为独立诞生理论（*independent creation*），该理论认为所有这些数以百万计的生命物种是凭空产生的。然而，无论是化石记录、现实记忆、历史文献，还是人们的日常实践，我们都没有从中找到任何支持上述理论的科学证据。相反，我们看到了悠久而丰富的化石遗迹，它们记录了过去 40 多亿年中地球上无数生命种群的起起落落。新的研究方法，如在亲子鉴定、司法鉴定中常用的 DNA 检测技术，能帮助我们确认物种分类（粗略的分类，因为不同物种有时会携带部分相同的基因）的真实存在，也能佐证我们在化石记录中的发现和推论。

尽管两门学科各自独立发展了几个世纪，化石记录和遗传证据依然能够相辅相成，有力地支持了达尔文关于自然界生物多样性的理论解释。如果要推翻现在的进化理论，进化论的反对者们需要先否定分子生物学以及化石生物学，而这基本上是不可能的。

第六章　进化的真相

那么多种原子在无限的时间内以所有可能的方式汇聚在一起，形成了所有可能形成的事物。如果现实世界正是如此形成的，那么所有的变化都在进行中。

——卢克莱修:《物性论》❶

---

❶ 参见 *On the Nature of the Universe*。

我们现在了解了增殖、变异和选择是如何发生的。在自然环境中，它们都是可观察的。如果时间足够长，这些过程可以带来如下结果：生物特征的变化导致新的物种产生，以及地球上的生物多样性，即我们所说的进化，这是显而易见且无可辩驳的。利用书中介绍的手段，我们每天都能在自然界中看到佐证上述过程的证据。

如果有人声称不相信进化论，那么请问他们是不相信增殖、变异，还是不相信选择的客观存在？任何理性思考都会承认这些过程的确存在，因为它们是可观察的事实。如果这些过程真实存在，那么进化就自然存在，因为进化就是这些过程的必然结果。

图11系统地显示了增殖、变异和选择的作用。在模式图（A）中，"增殖"就是两个个体在交配；在变异过程中，虽然子代之间以及和亲本之间绝大部分相似，但是仍然有两个个体产生了变异（阴影）；在选择过程中，由于某种原因，深色的变异体不能很好地适应环境（比同类的适应能力弱），无法继续存活及传递深色的变异基因。相反，和没有变异的个体一样，浅灰色的变异体也能很好地存活并且将其变异基因传递给子代。长此以往，如果是有益的变异，那么它们会在群体中广泛传播。在模式图（B）中，两个个体交配，产生4个相近的子代，其中一个产生了变异（灰色）。由于某种原因，灰色变异基因是有害的，损害了个体的健康程度，降低了个体对环境的适应能力。在选择的压力下，携带这种变异基因的个体逐渐被淘汰（X），上述变异基因无法继续在群体中存在或者变得十分罕见（有些情况个

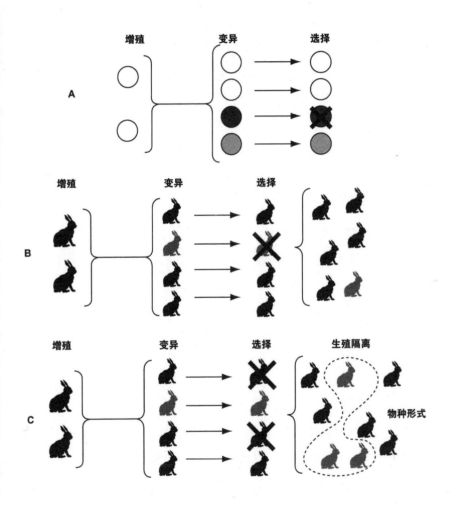

图 11　进化是增殖、变异和选择的结果

体存活时间较长，可以繁殖后代）。最后在模式图（C）中，交配产生的子代中存在灰色的变异，由于某种原因，其作为有益的变异被选择。相反，深色个体虽然以前数量很多，适应能力很强，但是如果环境发生了变化，深色个体的原有特征不再适应新环境，那么它们会被逐渐淘汰。环境的变化带来了选择压力的改变，由于浅灰色的变异基因代表了更好的适应性，它们在群体中更容易传播而变得流行。随着时间的推进，如果深色群体和浅色群体不再互相交配（产生了生殖隔离），种群可能产生分化，最终导致物种形成：由以前的一种深色物种逐渐演化成深色和浅色两种物种。

增殖

由亲本交配产生子代，由于遗传 DNA 的原因，两者之间非常相似。

变异

生命形式千差万别（有一些原因），这些不同导致个体有机会产生子代。

选择

有益的变异（适应环境）更容易传递到子代，即被选择；不利的变异（不适应环境）较难传递到子代，即被淘汰。

选择性压力的变化

由于环境的变化，有益于生存的变异特征（适应环境）也会随之变化，导致物种的特征逐渐改变。

生殖隔离

如果群体中的成员经迁移，生活在不同的栖息地或环境中，它们之间可能会停止交配（即使仍属于同一物种）。

物种形成

如果群体内的部分成员始终不和该群体的其他成员交配，这两个亚群可能适应了各自不同的生活环境，彼此之间无法再交配，导致由原先的一种生物逐渐演化成两个物种，即物种形成。

关于进化，我们既看不到也摸不着。但作为后见之明的人类，我们可以说这些事情随时间发生了，我们也可以将其中的过程圈起来，指着说这就是"进化"。我们应该知道进化本身是一种虚幻的概念，其事物性并不是真实的。"进化"仅仅是增殖、变异和选择后的逻辑后果。就好像你在斜坡顶端放一个高尔夫球，因为这个球没有锚定任何东西，其所处位置具有一定坡度，加上球的质量也很小，速度也不快，无法逃脱地球引力，所以这个球势必会移动。上述这些条件自然产生的结果就是球会沿着斜坡往下滚动。进化就是这个从斜坡上往下滚动的球，它是一种后果，而不是什么计划，更没有事物性，只是发生了这么简单。持续增殖、变异的自然生物，以及世界的不断动态变化，促使进化"不得不"产生。

从这个角度来看，我们周围的生命显示出了一个全新的维度。一片叶子、一个乌贼、一只苍蝇、一棵树，乃至一只蜜蜂，可以想象，每一种生命都承载了太多的历史，并开启了新的魅力之门：

> • 这种生物的历史由来如何？
>
> • 它们的特征是否完美地适应当前的环境，它们会是从另一个时代留存至今的生命"遗迹"吗？
>
> • 这种生物的选择性环境是什么样的？有哪些选择性因素影响了其适应性？
>
> • 这种生物和哪些物种共同进化？它会被寄生吗？它是共生生物吗？不要忘记微生物的世界！
>
> • 随着当前环境的变化，这种生物还能存活多久？

第七章　进行中的进化

鳄鱼生活在水中，嘴里都是寄生虫。几乎所有的鸟类和野兽都不敢接近它，除了牙签鸟。这种鸟能够通过它的"服务"让鳄鱼感到舒适平静。当鳄鱼从水中爬到岸边时会张开嘴巴（通常是做热量交换），牙签鸟就会进入它的嘴巴吃掉那些寄生虫，鳄鱼不会伤害牙签鸟，因为它需要这些小鸟的"服务"。

——希罗多德，约公元前 400 年 ❶

---

❶　参见 *The Histories*，希罗多德（Herodotus）著，英译版由 A.D. 戈德利（A. D.Godley）编译（剑桥市：哈佛大学出版社，1920 年出版），线上版本可访问 http://www.perseus.tufts.edu/hopper/。

我们看过了自然世界的 3 个事实，它们不可避免地导致了进化的产生。理解进化过程最好的方法不是去野外实地观察，而是去了解自然界中生命的生存法则，留心繁殖、变异和选择在自然群体中是如何运作的。在本章中，我们挑选了一些实例来阐明进化过程。通过对自然生命的概述，我们能够深入理解繁殖、变异和选择这些看似简单的基本过程背后的复杂性，以及它们是如何导致物种进化的。这里我们不会讨论繁殖、变异和选择的细节，大家可以自己想象它们是如何运作的。

同时，这些内容也能让我们了解生命科学研究人员是如何在长期的实地研究中逐渐掌握自然生命进化过程的。记住，在每一项研究中，科研人员都必须了解相关物种的生命历程，包括它的食物来源、掠食者、环境温度耐受等。尽管整体的选择环境非常复杂，但我们必须尽可能理解它，虽然事实上人们对物种选择环境的理解往往都是不全面的。科学研究是一项持续性的工作，因此，实地研究、数据分析、结果记录以及将这些结果传播给科学界和普通大众需要很长的时间。

最后请注意，在任何一项研究案例中，如果达尔文关于繁殖、变异和选择的进化理论是错误的，那么在过去 160 多年全世界范围内成千上万的科学研究中，为什么没有一例错误报告？

进行中的进化：狐獴死亡率

非洲狐獴是群居动物。研究人员进行了一项横跨 4 个田间季节的研究，近距离观察狐獴的生活，系统性地获得了很多关于狐獴世界不为人知的信息。

狐獴季节性繁配，大多数的狐獴出生在雨季。它们的繁殖节奏很快，雌性狐獴在生产后数周内就能继续交配。和许多物种一样，年幼个体的生存环境非常恶劣。许多狐獴幼仔在出生后 3~5 周内死亡，大约 30% 的个体在最初的一个月内死于掠食者或者寒冷。

那些幸存下来的狐獴幼仔还要继续面对降水量的波动（会影响植物、昆虫等食物的数量）。同时，它们仍然依赖母亲的照顾。如果母亲健康状况很糟，照顾幼仔的时间就会很少，这样小狐獴就很容易死亡。为什么照顾幼仔的雌性狐獴会产生应激？因为它们刚刚走出艰难的孕期，又要经历哺乳期（在此期间都要面对获取食物的压力）。此外，小狐獴还会因为社会秩序死亡，即高等级的雌性狐獴有时会杀死低等级雌性狐獴的幼仔。

狐獴群体内进化出了一套社会秩序，有些狐獴（保姆）专门来保护幼仔，如给幼仔提供食物，将它们带离巢穴规避附近的掠食者等。但这并非总是有效。有一次，一只褐雕（*aquila rapax*）持续不断地进攻狐獴巢穴，将外出觅食的成年狐獴和狐獴保姆拒之门外，成年狐獴和狐獴保姆在没有食物的情况下坚持了两天，最后不得不放弃了巢穴，一整窝的狐獴幼仔因此丧生。其实那只褐雕并没有杀死那些小狐獴，只是小狐獴们虽然蜷缩在一起取暖（数量超过 20 的哺乳动物群体中常见的行为），最终还是由于体温过低而死在了巢穴里。其余大多数时候，掠食者会被狐獴通过合作赶走。曾经有一条眼镜蛇进入巢穴吃掉了两只小狐獴，最终它被一群成年狐獴赶走。除了掠食者和寒冷，小狐獴还受到溺水的威胁（雨季巢穴被淹）。有一次，群体内的其他成员都外出觅食了，一只狐獴保姆独自将一整窝幼仔成功地从被淹巢穴转移至 50m 以外的安全地带。

如果狐獴幼仔能够存活 12 周，它们就基本发育成熟并且能够离开巢穴外出觅食了。接下来，它们便进入觅食、寻找伴侣以及建立复杂社会关系的生活阶段了。❶狐獴幼仔出生在恶劣的选择环境中，气候、社会关系、掠食者，甚至父母以及族群的健康状况都会影响其出生后的命运。为了生存，小狐獴和它们的保姆都必须具有不断适应变化的能力，来应对恶劣环境带来的选择压力。

进行中的进化：黄蜂和僵尸蟑螂

任何物种都不是独立存在的，它们会和其他物种互相作用，作为猎物或掠食者、植被、寄生虫等诸如此类。一个非常有趣的例子是黄蜂（*Ampulex compressa*），它和蟑螂（*Periplaneta americana*）之间存在寄生关系。当一只黄蜂发现蟑螂时，它会靠近并蜇刺蟑螂的头部。通常情况下，蟑螂会迅速进入僵直状态，它的运动显著减少甚至完全停止，只有触角还会偶尔活动。而在正常情况下，蟑螂会不停地活动这些触角来探索环境。被蜇刺前后，蟑螂的状态完全不同，被蜇刺前蟑螂非常活跃，不停地巡视探索周围。黄蜂在蜇刺蟑螂后，会抓住它的触角，就

---

❶ 参见论文 *Breeding and Juvenile Survival among Slender-Tailed Meerkats (Suricata suricatta) in the South-Western Kalahari: Ecological and Social Influences*，发表于 *Journal of Zoology* 杂志，1997 年第 242 卷，p309—327，作者：S.P. 杜兰（S.P.Doolan）和 D. W. 麦克唐纳（D.W.McDonald）。

像牵着狗一样把它牵回蜂巢。❶ 回到巢穴以后，黄蜂在蟑螂体内产卵，随后封住巢穴独自离开。当蜂卵孵化后，发育中的黄蜂就以僵尸蟑螂为食。

黄蜂的这种寄生行为是如何演化并持续下来的？这种行为为什么没有导致蟑螂物种的灭绝？如果每一个蟑螂都被寄生，它们肯定会最终灭绝，但事实上不是所有蟑螂都会被黄蜂寄生，因为有些蟑螂能够抵抗黄蜂的毒液。一项在实验室进行的研究显示，有不到 15% 的被蜇刺蟑螂能够对刺激做出反应（这部分蟑螂在野外被蜇刺后也许能够继续存活）。此外，不是所有黄蜂都能成功地蜇刺目标蟑螂，而且蟑螂的数量又非常巨大。这种寄生关系存在了多久？它是否完全有利于黄蜂？从某种角度来分析，上述的寄生关系是否对蟑螂物种的生存也有好处？这些都是值得研究的问题。

进行中的进化：寄居蟹和它们的壳

在太平洋西北海岸的圣胡安群岛，有一种寄居蟹随处可见。它们寄居的壳不会随它们一起生长，因为那是来自海螺的壳。当海螺死亡后，寄居蟹就会钻进海螺的壳中，当需要搜寻食物或求偶时，寄居蟹会背上壳一起行动。研究人员着眼于海螺和寄居蟹的关系，进行了一项长达 3 年的研究。他们标记了 200m² 内 4 000 多只海螺。随后的观察研究显示，每年会有一

---

❶ 参见论文 *A Parasitoid Wasp Manipulates the Drive for Walking of Its Cockroach Prey*，发表于 *Current Biology* 杂志，2008 年第 18 卷，p877—882，作者：R. 加尔（R. Gal）和 F. 利伯萨（F. Libersat）。

半的海螺死亡，为寄居蟹提供了长度为 20~40mm 的壳。在这个研究区域内约有 200 只寄居蟹，每只寄居蟹每个月可以使用的海螺壳平均数量为 0.5~1 个。这让寄居蟹在使用壳时有了选择（寄居蟹会在壳中寄居，直到它们长得太大而不得不重新寻找新壳时）。有趣的是，寄居蟹会在这些壳中精心挑选，相对于薄壳，它们更喜欢厚一点儿的壳，虽然更重，但是能够提供更好的保护。它们从来不会选择残破的海螺壳。

海浪会冲走那些没被寄居的海螺壳，在春、夏两季，可供选择的海螺壳数量要显著多于冬季。总的来说，寄居蟹群体的数量会受到常规选择性压力的影响，如掠食、温度敏感性以及海螺壳掩体的数量和质量。[1] 如果出现一种与海螺和寄居蟹生存无关的选择性压力，驱使那些海螺全部迁移走了，会有怎样的结果？寄居蟹群体能够通过变异来应对这样的改变吗？会有一些寄居蟹感受环境变化而一起变异，重新寻找其他的掩体吗？它们是否也会迁移出这片海域，或者就此消亡？

进行中的进化：蜂鸟栖息地

在亚利桑那州和新墨西哥州交界的瓜达卢佩峡谷，一项为期 4 年的科学研究显示，密集居住的蜂鸟会选择非常特殊的地方筑巢。科学研究需要长期、深入、细致的观察，如果你对沙漠的美景和轻快的蜂鸟仅是匆匆一瞥，很可能会错过这些细节。

---

[1] 参见论文 *Availability and Use of Shells by Intertidal Hermit Crabs*，发表于 *Biology Bulletin* 杂志，1977 年第 152 卷，p120—133，作者：T. 斯皮特（T. Spight）。

为了保持良好的健康状态以悬停飞行的方式采花蜜，蜂鸟需要寻找高热量食物来为它们独特的飞行方式以及身体供能。不同种类蜂鸟的平均体重有明显差别，紫冠蜂鸟体重约 6g，其他种类的蜂鸟体重在 3g 左右，它们对能量的需求也不同。通常来说，蜂鸟会选择最佳采蜜地点附近的位置筑巢。但不是所有的蜂鸟都能在同一位置筑巢，所以蜂鸟在栖息地选择的偏好性上会产生细微的区别。

黑颊蜂鸟在亚利桑那梧桐（*Platanus wrightii*）上部 5m 左右处筑巢，这种植物生长在小河底。紫冠蜂鸟（*Amazilia violiceps*）偏爱干燥开阔的环境，它们在亚利桑那梧桐上部 7m 左右处筑巢。宽喙蜂鸟（*Cynanthus latirostris*）喜欢在低处筑巢，通常选择离地 1m 左右处，有时靠近岩石，它们还喜欢在毗邻峡谷北坡生活。最后，科氏蜂鸟（*Calypte costae*）喜欢在毗邻峡谷中央的阿罗约支流区域或者南坡筑巢，离地 1~2m，它们偏爱小一点儿的树，比如落叶松（*Celtis reticulata*）。

仅在这个峡谷范围内，存在着 4 种蜂鸟竞争采蜜。虽然它们之间偶尔会因为采蜜权而争斗（紫冠蜂鸟最为好斗凶狠），但是大多数时间里，这些蜂鸟还是能够彼此隔离，和平共处。这种情况不是通过某种团队决策或由"委员会"决定的，而是这些蜂鸟经过长时间的自然选择，定居在了不同的微环境中。[1] 这些不同种类的蜂鸟是否有可能是由共同的祖先占据不同的微生态

❶ 参见论文 *Nectar Availability and Habitat Selection by Hummingbirds in Guadalupe Canyon*，发表于 *Wilson Bulletin* 杂志，1989 年第 101 卷第 4 期，p559—578，作者：W.H. 巴尔特（W.H.Balt）。

位而逐渐演化而来的?

进行中的进化：孔雀鱼的适应

一项在自然条件下进行的实验显示，自然选择可以很快地改变一个物种的部分特征。加州的生物学家大卫·A.雷兹尼克、希瑟·布莱加和约翰·A.恩德勒在特立尼达一条河中观察到，在群体中体型较大的孔雀鱼（*Poecilia reticulata*）会被梭子鱼（*Crenichla alta*）捕食，而其他地方的捕食者（如鲈鱼）则以较小的孔雀鱼为食。

研究团队将200条孔雀鱼从原来的河中（体型大的孔雀鱼会被吃掉）转移到另一条新河中（鲈鱼喜欢吃体型较小的孔雀鱼）。在后来的11年里（大约50代孔雀鱼的存活时间），他们研究测量了孔雀鱼的尺寸以及它们完全生长成熟需要的时间。[1]大概用了7年时间，转移后的孔雀鱼产生的子代体型显著增大，而且生长成熟速度更快。结果就是，孔雀鱼的子代停留在危险阶段（体型小容易被鲈鱼捕食）的时间明显变少。在实验室中的进一步研究显示，这些孔雀鱼的生长成熟速度加快和体型变大是由遗传控制的，不仅仅是受到了环境的影响。就像侦探推理破案一样，上述现象的结论是，鲈鱼的捕食习惯用了大约50代孔雀鱼的存活时间重塑了孔雀鱼的生活史。[2]我们可以这样说：鲈鱼的存在作为一种选择性压力，促进了孔雀鱼的快速生长成

---

[1]和[2]　参见论文 *Experimentally Induced Life-History Evolution in a Natural Population*，发表于《自然》，1990年第346卷，p357—359，作者：大卫.A.雷兹尼克（David.A.Reznick）、乔瑟·布莱加（Heather Bryga）和约翰·A.恩德勒（John A. Endler）。

熟和体型增大。或者说鳉鱼的捕食行为淘汰了体型较小、生长成熟时间较长的孔雀鱼个体，因为这两种特征都让其暴露在被捕食的危险中。在很大程度上，我们怎么说并不重要，但这就是增殖、变异、选择产生的进化。假设被转移的孔雀鱼中有些个体仍然生产体型较小、生长成熟期较长的子代，时间一久，它们就会灭绝，因为只有适者才能生存，即那些体型较大、生长成熟期较短的孔雀鱼存活下来，并将它们的遗传基因（对应体型大、生长成熟快的表型）传递下去。这就是进化，不是模糊的环境适应等概念，而是非常明确、具体的步骤，我们可以观察并理解。如果上述过程的时间足够长，我们将会看到孔雀鱼物种的变化甚至新的物种形成，即由不同掠食者偏好性导致的孔雀鱼生殖差异。❶

进行中的进化：授粉者的选择

通常认为授粉者（不经意间将携带精子的花粉转移到携带卵子的雌性柱头）在寻找花蜜的过程中对花色的反应只是出于简单的本能。但是落基山生物研究实验室的一项研究显示，实际情况比我们想象的复杂很多。

在不同的测试中，研究人员将花的颜色改变（人工涂上新的颜色），结果显示，棕煌蜂鸟（*Selasphorus rufus*）发现，灰白色的花比红色的花含有更多的花蜜，于是它们就改变了对花的颜

---

❶ 参见论文 *Experimentally Induced Life-History Evolution in a Natural Population*，发表于《自然》，1990 年第 346 卷，p357—359，作者：D. A. R 雷兹尼克（D. A. Reznick）、H. 布莱加（H. Bryga）和 J. A. 恩德勒（J. A. Endler）。

色的偏好性（由原先喜爱红色到现在偏爱灰白色）。研究人员将所有的花涂上同样的颜色，即去除了花色这一变量，经过大约50个摄食周期后，蜂鸟做出了一个新的选择：更倾向于选择花冠（蜂鸟摄食花蜜的"管道"）更大的花，因为在这些花上采蜜更容易。

蜂鸟不简单地屈从于所谓的选择"本能"，它们能从环境中感知变化，学习并识别不同花色或形态对应的采蜜效率回报，并调整相应的行为。[1]

我们通常认为，学习是狗、熊或者其他我们熟悉的脑容量较大的生物的技能，但即使小如蜂鸟，依然能够学习。在这里，自然环境也许会偏爱具有学习能力的生命，而不是简单地选择保持一成不变的"正确"本能的后代。

进行中的进化：海洋中的生命扩散

珊瑚礁物种是世界上分布最广泛的生命形式之一。有些珊瑚的幼体会随着洋流漂流很长的距离，还有一些珊瑚会跟着漂浮的海藻一起扩散很远。携带珊瑚的漂浮生物不完全是藻类。在澳大利亚大堡礁进行的一项实地研究中，研究人员观察到由造礁珊瑚（*Symphillia agaricia*）骨架形成的漂浮物被冲上岸，干燥后能浮在水面，然后又被重新卷入海洋里。这些漂浮物和公

---

[1] 参见论文 *Hummingbird Behavior and Mechanisms of Selection on Flower Color in Ipomopsis*，发表于 *Ecology* 杂志，1997 年第 78 卷第 8 期，p2532—2341，作者：E. 梅伦德斯－阿克曼（E. Melendez-Ackerman）、D. R. 坎贝尔（D. R. Campbell）和 N. M. 瓦瑟（N. M. Waser）。

文包差不多大小，重 15kg，它们不是海面上漂浮的无用残骸，而是一个浮游的微生态环境。这里不仅搭载了活珊瑚，还包含丝状藻类、鹅藤壶、虾、牡蛎、蜗牛、海参，以及许多单细胞生物。❶这是一个漂浮的生态系统，其中的成员共同生活、共同进化。

没有人知道你将会发现什么，我打赌人们对这样有趣的"生命之筏"一无所知。

还存在其他类型的"生命之筏"。一项研究记录了巨囊海带（*Macrocytis pyrifera*）组成的"漂浮筏"漂浮在南美洲和南极洲之间的海域。同样，每一个"漂流筏"都是一个小的生态系统，由 100~200 种海藻植物和搭它们便车的生物（大量贻贝状双壳类生物）组成。上面不仅有成年贝类，还有幼年个体，显示漂流的海带能够作为软体动物种群长距离航行时的生命平台。❷在如此漫长的旅途中，这些生命会遭受怎样不同的选择性压力？

另一项研究显示，有许多珊瑚在几年时间内穿过了 20 000~40 000km 的海域，相当于绕着热带和亚热带太平洋走了几圈。❸生命扩散的模式不仅是它们本身的主动行为，如爬

---

❶ 参见论文 *Rafting of Tropical Marine Organisms on Buoyant Coralla*，发表于 *Marine Ecology Progress*，*Series* 杂志，1992 年第 86 卷，p301—302，作者：L.M. 德万蒂尔（ L.M. DeVantier ）。

❷ 参见论文 *Long-Distance Dispersal of a Subantarctic Brooding Bivalve (Gaimardia trapesina) by Kelp-Rafting*，发表于 *Marine Biology* 杂志，1994 年第 120 卷，p421—426，作者：B. 赫尔姆斯（ B. Helmuth ）、R. R. 韦特（ R. R. Veit ）和 R. 霍尔伯顿（ R. Holberton ）。

❸ 参见论文 *The Vortex Model of Coral Reef Biogeography*，发表于 *Journal of Biogeography* 杂志，1992 年第 19 卷，p449—458，作者：P. 乔克尔（ P. Joikel ）和 F. J. 马丁内利（ F. J. Martinelli ）。

行、飞行、游泳、钻洞等，还包含了无意识的移动，如在海鸥脚上或者"漂流筏"上搭便车。这个过程如何影响海洋生命的进化是一个非常有趣且复杂的问题，其中的任何细节都需要研究人员进行全面深入的研究。对于地球，人类还有很多疑问尚未解开，生物学家爱德华·O.威尔逊在 2010 年美国国家图书协会的采访中表示，经过漫长的职业生涯，他目前最关心的就是保护。美好的东西正在消失，它们中有些我们甚至还未曾见过。他不仅认为人们对这些海洋"漂流筏"一无所知，还更担心它们正遭受污染的威胁（我们可以通过以下链接查看对威尔逊的采访内容：http://c-spanvideo.org/program/295631-8）。

进行中的进化：海洋中的病毒

来自海洋中的神奇现象越多，我们就能更深入地了解海洋。海洋中绝对数量最多、遗传多样性最丰富的"生命形式"不是鱼类，也不是浮游生物，而是病毒。"生命形式"打上了引号，因为不是所有学者都认为病毒是一种生命。然而，它们确实携带了自我复制的分子，但有别于本书第二章中介绍的无信息复制子。

到底存在多少种病毒？在 1mL 海水里，大约存在 1 000 万个病毒颗粒。样本分析显示，与深水区或离岸海水相比，海滩附近的潜水区域病毒数量更多，它们和细菌共存。地球上所有的病毒加起来的重量大约等于 7 500 万头蓝鲸，共计 150 亿磅（0.07 亿吨）。这些海洋中的病毒目前都处于未知的状态，初步研究显示，它们基因组的碱基对数量在 997 万 ~110 万之间。

人类基因组总长度大约为 30 亿碱基对，多数动物单个基因长度为 1 200 碱基对。[1]有趣的是，基因比对显示，来自南极洲海域和墨西哥湾的病毒具有几乎完全相同的碱基序列。一些新的分析显示，有些病毒从宿主中抓取了基因，并在病毒群体间进行传播。还有更神奇的：海洋中的病毒每天都会杀死海洋中 20%~40% 的细菌。[2]想象一下这里的复杂性和绝对数量。我们能从这些生命形式中获得怎样的信息？它们在天文数量的尺度上增殖、变异和选择。保守地讲，它们的进化过程将会非常有趣。下次再去海滩时，我们可以想象一下这些病毒在海水中的样子。但不用担心，人类一直以来都与海水为伴，几乎没有感染过致命的病毒。海水就像是一锅汤，每一滴中都孕育着生命。

进行中的进化：回声定位

当我们思考复杂感觉，比如视觉或嗅觉的进化时，很容易深陷困惑之中。很难想象，诸如眼睛、舌头这样微妙而高效的器官也是增殖、变异和选择的结果。但回想一下，只要看一下眼睛或舌头，就像现在看到传感器一样，我们无法看到历史，但我们知道历史的重要性。物种生命不是凭空产生的。有一次，

---

[1] 一项研究检测了 100 个完整的基因组样本，估算原核生物（微生物如细菌）基因碱基对的平均数量是 924，而真核生物（如多细胞的动物）基因碱基对的数量是 1324。参见论文 *Average Gene Length Is Highly Conserved in Prokaryotes and Eukaryotes and Diverges Only between the Two Kingdoms*，发表于 *Molecular Biology and Evolution* 杂志，2006 年第 23 卷第 6 期，p1107—1108，作者：L. 徐（L. Xu）等。

[2] 参见论文 *Viruses in the Sea*，发表于《自然》，2005 年第 437 卷，p356—361，作者：C. A. 萨特尔（C. A. Suttle）。

我的哥哥马克给我看了一幅他的画作，一个大尺寸抽象的人类头骨。"你用了多长时间画它？"我问道。他回答："大约 40 年。"这对于生物和它们的特征来说也是一样，就像眼睛和舌头。引用生物学家乔治·C.威廉斯的话，"任何生物个体，均可被认为是一个单独的历史记录"。

只需要通过持续的变异和选择，即除去降低适应能力的变异，增加改善适应能力的变异，轻微而显著的改善就能在基因组中得到积累。这是一个渴望不同的世界。类似滚雪球的复利，持续的增殖、变异和选择会产生显著的效果。选择是有限制的，不是每一个生命特征都是对当前选择性压力的适应。但是增殖、变异和选择的原则仍旧未变，这个过程的持续造就了无数的生物多样性和复杂性。

回声定位是一个关于复杂适应的有趣例子。在所有已知的蝙蝠中，存在 8 种主要的回声定位方式（利用回声来感知周围的环境地形）。这包括简短的舌头发声，以及声波遇到环境中的障碍物（洞穴中的钟乳石或露天的飞虫）发生反弹。反弹的声音会被蝙蝠的耳朵捕捉，以此了解周围环境的信息。一项最近的研究发现，穴居的蝙蝠（果蝠属）通过舌头与口腔底部碰撞发出简短的声音。随后，它们通过敏感的耳朵收集回声，在黑暗的洞穴中调整飞行路线规避障碍物。

但是那些长时间在露天捕食飞虫的蝙蝠，其发声方式略有不同，露天蝙蝠发声的持续时间是穴居蝙蝠的 5 倍。事实上，这种持续时间更长的声音，在发现飞行猎物（相比于探索固定障碍物）的过程中更有优势。在不同的环境中（洞穴和露天），蝙蝠逐渐演化出不同类型的回声定位方式。[1] 露天蝙蝠更长时间的叫声是如何演化而来的？它一定是源自某种程度的变异。

自然界中不止蝙蝠具有回声定位的本领，另外一种完全不同的生命类型——齿鲸，也独立进化出了相同的能力。大约有超过 70 种的齿鲸类生物利用回声定位系统捕食。一项针对西非加那利群岛柏氏中喙鲸（*Mesoplodon densirostris*）的研究显示，其用来定位的回声是通过挤压空气进入头部的一个孔（声唇）后发出的。与在电视机前或船上只能短暂地观看鲸相比，研究人员可以近距离接触它们，并发现它们的捕猎行为包括搜寻、靠近和终结阶段，每个阶段利用的回声定位手段都有细微的差别。比如在终结阶段，鲸在距离猎物一个身位时（2~5m）会发出蜂鸣声，这个声音的反馈信号能够让鲸快速、实时地感知猎物的位置、速度和运动方向，直到把它们吞到嘴里。上述帮助锁定目标的蜂鸣声和鲸在觅食活动其他阶段使用的声音完全不同。当鲸探寻周围环境时，可以定位 275m 以外的潜在目标，这时它们使用不同的声音，而且发声的间隔时间也比锁定目标阶段发声的间隔时间长。上述更长的发生间隔（350ms）是因为鲸在探寻猎物时要花更多时间来处理返回的信号。

这些鲸都是深潜高手，它们通常只有在 200m 水深以下才会使用回声定位，这个行为会一直持续至更深的水位区域（下潜至 500m，这个深度的压力会压扁大部分潜水生物）。鲸每一次

---

[1]　参见论文 *The Evolution of Echolocation in Bats*，发表于 *Trends in Ecology and Evolution* 杂志，2006 年第 21 卷第 3 期，p149—156，作者：G. 琼斯（G. Jones）和 E. C. 蒂林（E. C. Teeling）。

狩猎潜水会发出 15 000 次回声。

关于鲸的回声定位，还有许多细节有待研究。比如在截获猎物之前，这些鲸会突然转身。通常，它们不会直接瞄准猎物进攻，而是在撞击最后一刻前闪电般转弯。鲸对待它的猎物非常谨慎。它不会去追踪回声定位区域中最大、最简单的目标，而是更喜欢鱿鱼和普通小鱼。鲸喜欢生活在 650~725m 深度的猎物，没人知道为什么。[1] 在生物研究的大部分历史中，研究理解这种回声定位行为非常困难，甚至不可能，它必须依靠对这些鲸的行为学和解剖学的对比研究。比较解剖学诚然很有用，但我们现在不仅有行为学研究的技术手段，还能完成对生物个体基因（和回声定位行为相关的基因）的检测。

最近的研究发现，prestin 基因参与了内耳毛细胞的发育，和哺乳动物的听觉敏锐度直接相关。请注意，基因是 DNA 上的片段，决定了生物个体所有方面的行为。如果人或小鼠的 prestin 基因功能缺失，那么会导致耳聋。有研究人员比较了不同哺乳动物（猪、人、奶牛、河马、沙鼠、大鼠、马、宽吻海豚和一些蝙蝠物种）中的 prestin 基因。结果显示：prestin 基因序列在蝙蝠和宽吻海豚（Tursiops truncatus）中非常相近[2]，说明蝙蝠和齿鲸类生物的 prestin 基因完全独立地发生了相似的变化修

---

[1] 参见论文 Bisonar Performance of Foraging Beaked Whales (Mesoplodon densirostris)，发表于 Journal of Experimental Biology 杂志，2005 年第 208 卷，p181—194，作者：P. T. 马德森（P. T.Madsen）。

[2] 参见论文 The Hearing Gene Prestin Unites Echolocating Bats and Whales，发表于 Current Biology 杂志，2008 年第 20 卷第 2 期，p55—56，作者：Y. 李（Y. Li）。

饰，因为两者作为独立的生命形式已经存在了很久。这似乎不可思议，但正如我们所知，动物的基因长度在 1 500 个碱基对左右，有时即使一个碱基对的改变也会产生显著的效应。蝙蝠和齿鲸类生物在 5 000 万年前就已经存在，是不是很难想象上述两种完全不同的生命类型会产生相似的变化？那是很长的一段时间，长到足以让两种生物平行进化出类似的功能特征。当前的研究正致力于阐明 prestin 基因参与听力相关结构发育的机制，最近有一篇报道深入探讨了其和听力相关的毛细胞及其他结构机械特征的关系。[1]

进行中的进化：海狮捕猎、青蛙同类相食和蝗虫成群

接下来我们从更大尺度的行为学复杂性上来研究观察进化。阿拉斯加威廉王子湾的北海狮（*Eumetopias jubatus*）只捕食鲱鱼（*Clupea pallasi*），在相同海域，鲱鱼的数量仅是另一种阿拉斯加狭鳕（*Theragra chalcogramma*）的 1/5。即使在食物匮乏的冬季，北海狮依然不会捕食狭鳕。

原因和北海狮捕猎时的水深与时机相关（空间和时间）。大量的狭鳕生活在 100m 深的水域，而鲱鱼群在晚上会游到离水面 15~35m 的水域。北海狮的捕猎行为都是在晚上进行（原因

---

[1] 参见论文 *Prestin Is the Motor Protein of Cochlear Outer Hair Cells*，发表于《自然》，2000 年第 405 卷，p149—55，作者：J. 郑（J. Zheng），以及论文 *Hear, Hear; The Convergent Evolution of Echolocation in Bats*，发表于 *Trends in Ecology and Evolution* 杂志，2009 年第 24 卷第 7 期，p351—354，作者：E. C. 蒂林（E. C. Teeling）。

未知），它们组成捕猎小队（数量不超过 50），并排游动，把鲱鱼驱赶到捕食区。北海狮最深能够潜水至 250m，为什么它们不去追逐狭鳕呢？一个显而易见的原因是，捕食较浅水域的鲱鱼对于北海狮来说会更加容易一些。[1]上述生态系统给人的第一感觉是，在食物充足的情况下，北海狮捕猎避开了狭鳕，选择了"次优"的鲱鱼。一个物种不可能吃掉所有的潜在猎物，况且在这里北海狮和鱼类群体之间存在时间和空间的差异。上述的北海狮将来是否会分化出不同的群体，分别在不同水深区域捕食不同的鱼类？如果北海狮出现变异，让它们更容易下潜到狭鳕生活的水域，会有什么结果？可能会有一些北海狮潜入更深水域捕猎，还有一些则留在原来的区域……谁也不知道这会产生什么结果。生殖隔离？物种形成？这些变化也许正在我们的眼皮底下，但是过程太缓慢，以至于我们无法察觉。

有时摄食行为会显得模糊不清。当罗马尼亚的青蛙池接近干涸时，蝌蚪的变态发育会加速，提前长成小青蛙。那些成熟快的蝌蚪会吃掉池塘中尚未成熟的蝌蚪。[2]我们暂且认为这么做是为了减少池塘中的潜在竞争者，但是蝌蚪是否真的能够意识到池塘里有太多的个体，从而有意识地发展出这种同类相食的行为？还是由于蝌蚪数量太多，导致普通食物来源缺乏，只能

---

❶ 参见论文 *Night-Time Predation by Steller Sea Lions*，发表于《自然》，2011 年第 411 卷，p1013，作者：G. L. 托马斯（G. L. Thomas）和 R. E. 索恩（R. E. Thorne）。

❷ 参见论文 *Cannibalistic Behaviour of Epidalea (Bufo) viridis Tadpoles in an Urban Breeding Habitat*，发表于 *North-Western Journal of Zoology* 杂志，2009 年第 5 卷第 1 期，p206—208，作者：E. H. 科瓦奇（E. H. Kovacs）和 I. 萨斯（I. Sas）。

以同类为食？这似乎是一种行为可塑性，即物种根据其所在环境的变化而调整自身行为的能力。可以想象，池塘逐渐干涸的环境压力，会选择携带快速成熟以及有同类相食倾向基因的青蛙个体。这些基因在水资源丰富的年份会被淘汰吗？如果不会，那么为什么快速成熟和同类相食通常很少见？这会是一种完全本能的反应最终导致的复杂结果吗？就像原本孤独的沙漠蝗虫，一旦它们的脚在拥挤的环境下被触碰，就会转换出完全不同的群体行为吗？ ❶ 虽然可塑性是有明确定义的，但我们对此仍知之甚少，这一点将在本书第八章中继续讨论。

进行中的进化：坦噶尼喀湖的"嘴利手"

在坦桑尼亚的坦噶尼喀湖，有很多种类的丽鱼吃其他鱼类的鳞。通常，它们尾随目标，冲刺接近后迅速咬下一片鱼鳞。有趣的是，它们不会从 90° 的侧面进攻猎物，因为下颌变异，它们的嘴巴只能向侧面张开（就像你决定用嘴的一边发声），所以它们会和猎物并排前行，用侧面张开的嘴巴咬上一口鱼鳞。更有意思的是，这种丽鱼有两种变体：嘴巴张开的方向要么朝左，要么朝右。日本生物学家堀道雄（Michio Hori）花了 11 年时间研究，发现上述变体是通过遗传基因控制的，所以丽鱼在出生时，其嘴巴的张开方向就已经决定了（左脸或右脸朝向）。因此，也就出现了两种嘴利手的形式。在堀道雄研究的丽鱼物

---

❶ 参见论文 *Gregarious Behavior in Desert Locusts Is Evoked by Touching Their Back Legs*，发表于 *Proceedings of the National Academy of Sciences (USA)* 杂志，2001 年第 98 卷第 7 期，p3895—3897，作者：S. J. 辛普森（S. J. Simpson）。

种中，虽然有时左右嘴利手的数量会有差异，但是总体上两者的比例基本相同。丽鱼群体具有多态性（*polymorphic*，*poly* 代表多，*morph* 代表形态），在同一解剖特征中具有不止一个显著的变异（在这个例子中就是嘴利手的朝向），我们在平衡选择的例子中讨论过这些。❶ 这项研究中最有趣的发现是被捕食鱼类非常警惕，并且始终如一地将眼睛朝向固定的方向（左边或右边）看，而这正是由这一区域捕猎者嘴利手的方向决定的。久而久之，这些被捕猎的鱼类会被左右嘴利手的捕猎者所"选择"吗？左右嘴利手的丽鱼群体会在行为上逐渐分化，进而导致生殖隔离以及物种形成吗？为什么不？这些都是了解进化论的人会提出的有趣问题。没有人知道这些问题的答案，这不仅仅关乎科学，很多艺术家也会从中汲取灵感。

进行中的进化：微生物的社会生活

2007 年，一篇题为《微生物的社会生活》的论文中写道：

> 过去 20 年，我们对微生物社会生活的理解不断革新。之前，人们认为细菌和其他微生物是独立的单细胞生物，不像昆虫、鸟类和哺乳动物那样通过合作行为互利共生。然而，近来大量的研究彻底推翻了这个观点，微生物之间存在多种社会行为，包含复杂的合

---

❶ 参见论文 *Frequency-Dependent Natural Selection in the Handedness of Scale-Eating Cichlid Fish*，发表于《科学》，1993 年第 260 卷，p216—219，作者：M. 赫利（M. Hori）。

作、交流和同步化系统。●

　　作者接着列举了微生物生活中一些令人震惊的发现。例如，
6%~10% 的杆状菌（*Pseudomonus aeruginosa*）基因被细胞信号
通路控制，意味着这种微生物能够被细胞间的信号通信系统操
控，不仅仅是细菌周围环境中的化学物质，还包括和细胞间通
信相关的特异性化学系统。这是微生物间的通信交流吗？我们
能够定义微生物的通信吗？许多生命物种，包括人类，能够通
过非语言的方式交流，例如化学气味，这种通信信号甚至能够
组织协调整个蚂蚁群落的行为。证据已经形成。

　　还有研究人员发现微生物之间可以合作，就像蚂蚁一样通
过复杂的行为合作。微生物能够聚集建立生物膜，这种膜结构
能够为整个群体提供保护。❷ 更厉害的是，有些微生物会聚集成
袋状结构，容纳许多微生物群体。例如，微生物首先会贴附在
一个较硬的表面（不利于生存），然后其余的微生物继续附着，

---

❶　参见论文 *The Social Lives of Microbes*，发表于 *Annual Review of
Ecology, Evolution, and Systematics* 杂志，2007 年第 38 卷，p53—
77，作者：S. A. 韦斯特（S. A. West）。另附一篇综述 *The Evolution
of Social Behavior in Microorganisms*，发表于 *Trends in Ecology and
Evolution* 杂志，2001 年第 16 卷第 4 期，p178—183，作者：B. J. 克
雷斯皮（B. J. Crespi）。

❷　研究生物膜的原因之一是它们在囊性纤维化患者肺组织上形成
了持久性薄膜。我们为何要研究生物，尤其是像微生物社会行为这
种深奥的课题？首先，这是理解我们生存的世界所必需的。其次，这
对于我们理解和解决自身问题也很有帮助。参见论文 *Cystic Fibrosis
Pathogenesis and the Role of Biofilms in Persistent Infection*，发表于
Trends in Microbiology 杂志，2001 年第 9 卷第 2 期，p50—52，作者：
J.W. 科斯特顿（J.W. Costerton）。

最终形成一个膜结构，保护整个群落发展。随后，群落中的成员继续迁移到新的地点，再一次循环建立新的膜结构。另一个例子是子实体：有些微生物通常在土壤中生活，当食物资源匮乏时，它们会聚集成为一个巨大的团体，在土壤中向上协作运动。到达土壤表面后，微生物开始分化，其中一些形成攀缘茎的结构。形成这种结构的微生物会死亡，没有后代。那些在攀缘茎顶端的微生物会像孢子一样散开飘浮，在新的地点降落（也许食物充沛）。和其他生命种类的行为类似，微生物的这种行为也由遗传因素控制。在能够形成子实体的微生物中，*csa* 基因突变可使它们形成的有效子实体数量减少。

以上例子说明，我们应该像研究白蚁、蚂蚁和蜜蜂的行为那样，深入细致地研究微生物的社会组织和通信行为。

还有一项发现是有些微生物会产生通用物质，比如一些能够促进食物代谢（消化）的黏合剂。在这样的群体中，有一些成员被称为"欺骗者"，它们会无偿利用这些通用物质，自己却根本不生产。如果你对微生物的社会行为不感兴趣，那么可以来看一下微生物是如何传播的。最近的研究结果显示，细菌不是漫无目的地飘浮，它们会成群结队、蹭行、划行、滑翔和传播。这些仅仅是细菌在表面流动性的不同，还不包括它们在气体和液体中的运动。❶

我想大家已经明白了，在微生物尺度的世界里有很多事情

---

❶ 参见论文 *Bacterial Motility on a Surface: Many Ways to a Common Goal*，发表于 *Annual Review of Microbiology* 杂志，2003 年第 57 卷，p249—273，作者：R. M. 哈希（R. M. Harshey）。

正在进行，比我们想象的要多得多。

进行中的进化：墨西哥的洞穴鱼

物种会"倒退"吗？倒退这个词在记录人类历史时偶尔会用到，比如在《社会价值观的腐蚀》中有所提及。但在自然界中"倒退"真会发生吗？答案是并不会。当一个物种遇到与祖先相似的选择性压力时，"将 DNA 倒退回去"没有道理。正如我们所知，DNA 在生物漫长的进化过程中会积累突变产生不同的性状变异，这些变化都会在基因组中保存下来。但是我们没有这些变化产生的时间标识，无法系统性地反读，更无法让 DNA 倒退。然而，物种在适应环境变化的过程中，会丢弃一些之前有用的性状特征，让它们看起来像是在"倒退"。比如，许多墨西哥利乐鱼（*Astyanax mexicanus*）生活在露天水体中，但是一些洞穴生物学家发现了 29 种生活在洞穴深处的利乐鱼群体。在漫长的穴居生活中，这些群体进化变异出了新的摄食器官。同时，它们也丢失了一些露天群体仍保留的特征。

在黑暗环境穴居的物种通常会"丢失"它们的感光器官，利乐鱼也是如此。需要注意的是，它们不是在洞穴中凭空出现的（进化论的反对者通常这样认为）。这些鱼类在出生时，有一些细胞在 *pax6* 基因的指导下开始发育成眼睛，但是眼睛结构最终没有发育完全，而是萎缩退回了眼窝。眼睛是一种活体组织，需要能量来维持其功能稳态，如果穴居的利乐鱼不需要眼睛也能够生存，那么导致这些器官丢失（这里是萎缩）的基因突变不会成为问题，反而会提高利乐鱼生存的适应性，因为机体需要的能量（摄食压力减小）更少了。关于穴居利乐鱼丢失的其他结构也是同样的道理。因此，在这种情况下，导致眼睛发育不完全的基因会被选择并传播，这种现象不仅发生在墨西哥洞穴鱼群体中，在其他穴居生物中也是如此。❶

进行中的进化：物种正在形成

正如第五章中提到的，质疑达尔文进化论的人想要亲眼看见自然界中的物种形成。而物种被定义为（或多或少）彼此生殖隔离的生命形式，如果我们想知道一个物种群体的两个亚群是否正在分化（物种形成正在发生），有效的方法是促使两个亚群的个体互相交配，进而观察其繁殖情况。如果两个亚群中的个体彼此不能交配繁殖，那么它们就是两个物种了。但是在两种生命基因组分化的过程中，具体哪一时刻可以认为它们正在分化呢？这是一个难题，一个不必要的难题。如果 X 和 Y 不能交配，我们可以说它们是不同的物种；如果它们能够交配产生后代，但后代有一些方面不正常，我们可以认为 X 和 Y 正在分化。但是谁来界定其中的标准呢？80% 不匹配和 51% 不匹配，哪个算是物种形成？可以肯定，存在一个重要的节点，但具体的数字意义并不大。通常会有一个连续变化的过程，而不是一个显著的突破，而且这个过程会持续数百年甚至更久，直到群体完全分化产生新的物种。我们当然想要知道物种形成具体的细节，

---

❶　参见论文 *Lost Along the Way: The Significance of Evolution in Reverse*，发表于 *TRENDS in Ecology and Evolution* 杂志，2003 年第 18 卷第 10 期，p541—547，作者：M. L. 波特（M. L. Porter）和 K. A. 克兰德尔（K. A. Crandall）。

但是也不能脱离实际。我们能够做多少交配的实验研究？诚然，新的基因组快速比对检测技术能够帮助我们比较 X 和 Y 群体的基因，进而在同一物种的不同群体间寻找早期生殖隔离产生的分子证据。这种基因组学的分析方式会给物种形成的研究带来一场全新的技术革命。

由来自德国、阿拉斯加、厄瓜多尔和爱尔兰的专家组成的联合研究小组对加拉帕戈斯群岛海狮群体的分化进行了研究，系统比较了两个海狮群体间的各项生物特征。其中一个海狮群体来自中央群岛，在浅水区捕食；而生活在西北群岛的另一个海狮群体则更多时候在深水区捕食。虽然它们还属于同一物种，在遗传上具有互相交配繁殖的能力，但现实中两个群体之间不会互相交配，即使它们之间的间隔只有 200km，一个不超过它们捕猎范围的距离。这些海狮在头部的解剖特征中存在一些细微的差别，它们在遗传上非常接近，但不像是同一物种、不同群体间的那种"接近"。目前的推测是这两个群体间产生了实际的生殖隔离（原因未知），如果这个情况一直持续，将会产生新的物种，由原来的一种海狮演化出两个不同的海狮物种[1]。

---

[1] 参见论文 *Tracing Early Stages of Species Differentiation: Ecological, Morphological, and Genetic Divergence of Galapagos Sea Lion Populations*，发表于 *BMC Evolutionary Biology* 杂志，2008 年第 8 卷，可访问 p150，doi:10.1186/1471-2148-8-150，作者：J. B. W. 沃尔夫（J. B. W. Wolf）。

研究还在继续

为了让大家了解当前进化研究的多样性和深入性，下文列出了 2008 年 *Annual Review of Ecology, Evolution, and Systematics* 杂志的部分论文题目。通过之前的介绍，我们应该对这些研究主题有所了解。

· 感受玫瑰的芬芳：花香的演变。

· 重新审视进化论中的倒转影响：从群体遗传标记到适应性变化和物种形成的驱动因素。

· 从个体到生态系统的采食活动。

· 自然选择对基因组的影响：果蝇和拟南芥中的新发现。

· 边缘环境的适应。

· 动物武器的演化。

· 无花果及其伴生植物的进化生态学：最新的进展和难题。

· 最早的陆生植物。

请注意，这本杂志只是数以千计的生命科学研究领域期刊中的一本，而上述文章也只是其中一期的部分研究内容。想象一下，全世界会有多少研究工作正在进行。如果进化论存在根本性错误，很容易被证实有误，或者说如果进化论无法完美地解释自然界中的大量事实，肯定会有人抓住这个机会推翻这个理论，他肯定会因为证伪如今所有的生物学研究而声名鹊起。事实上，达尔文提出的进化论是自然界中生命增殖、变异和选择的累积结果，这一理论已被过去的研究不断证实。每一天、每一处，从分子层面到个体、种群、物种，甚至整个生态系统，进化均是客观事实。

进化、行动、历史和复杂性

我们现在能看到生命系统的复杂性，生命科学家是如何进行研究的，以及最终还有多少问题有待解决。我们知道很多，我们也同样不知道很多。在那么多研究中没有一个结论证明达尔文的进化论原理有重大缺陷。如果有人发现复杂的新结构或者生命形式能够凭空产生，那么进化论将被推翻。达尔文本人也认识到了这一点，他说："如果有证据显示复杂器官的产生没有经过大量的、连续的、微小的改变，我的理论将会完全崩塌。"[1]

对于生物回声定位系统复杂性的介绍会让人产生错觉，认为这样的系统是有意"建造"而不是自然进化的产物（我们将在第九章中继续讨论）。简短地浏览只能抓住事物的一个瞬间，无法理解其背后的历史，对于生命也是一样。画家不是生来就精通作画，生物的复杂性也不是与生俱来的。有一个词叫作历史。

---

[1] 参见 M. 佩格尔（M. Pagel）发表于《自然》，2009 年第 457 卷，p808—811 的论文 *Natural Selection 150 Years On* 中的 *"Darwin, writing in 1859"* 部分内容（p808）。

理解历史的重要性是理解进化论的关键。偶尔会有人宣称复杂结构的产生不是增殖、变异和选择的结果（"设计理论"是进化论最早的批评声音之一）。争论可以追溯到 18 世纪，詹姆斯·佩利（James Paley，1743—1805）认为复杂的生命系统，如眼睛，就像是结构精细的计时器一样，不可能由自身进化，一定是被创造者"设计"出来的。在地理学家完整展示地球上远古生物的证据前 **❶**，佩利并没有意识到眼睛进化背后的时间深度，因此他不能理解达尔文的进化论也就不足为奇了。**❷** 然而，不是所有人的思维都是那么局限。罗马哲学家卢克莱修认为地球的历史很短，但生命是自然过程的产物。当发现所有生命都是由微小的粒子（原子）组成后，卢克莱修总结道："到这个阶段，你必须承认所有你看到的生命体都是由没有生命的原子构成的。

---

❶ 地球的年龄在 18—19 世纪存在广泛的争论。很多估算用了最早的历史记录——圣经，认为上帝在 6000 年前创造了世界。罗马学者狄奥尼修斯·伊希格斯（Dionysius Exiguus）发明了公元前（BC，耶稣基督诞生前）和公元（AD，耶稣基督诞生后）的概念。探险家发现了新的人群（美洲的印第安人）和大陆，没有被记载在圣经中，圣经作为历史记录的价值崩塌了。*Archaeologicae Philosophiae*，1692 年由托马斯·伯内特（Thomas Burnett）著，书中就指出，伊甸园和创世日都是寓言，不能按字面意思去理解。到了 17 世纪，虽然地理学还是一门年轻的学科，圣经年表还是遭到了严重的质疑。到了 18 世纪 50 年代，地理学家有了结论性的证据证明当今世界有着百万年，甚至数十亿年的历史。参见论文 *The Age of the Earth Controversy*，发表于 *Annals of Science* 杂志，1981 年第 38 卷，p435—456，作者：D. R. 迪兰（D. R. Dean）。最近的计算认为地球的年龄约为 45 亿年，参见 *The Age of the Earth*，G.B. 达尔林普（G. B. Dalrymple）著（加州：斯坦福大学出版社，1991 年出版）。

❷ 关于佩利"设计理论"（已经无数次被否定）的更多内容请参见《进化的十大神话》，第九章。

我们观察到的现象与此并不矛盾。相反，它们指引我们相信生命是在无意识中诞生的。"❶

即使卢克莱修认为地球只有数千年的历史，他仍然相信生命不是超自然的产物，自然过程能够形成复杂的生命。但卢克莱修在那时被认为是离经叛道者❷，因此他的观点没有被广泛传播。在那时，认为复杂生命只可能是被造物者创造的观点大行其道，直到达尔文的出现。❸ 里海大学的生物化学家迈克尔·贝希（Michael Behe，生于 1952 年）认为，细菌鞭毛——一个类似动物尾巴的结构，具有"不可化约的复杂性"，无法通过进化产生。其实这就是詹姆斯·佩利的观点，只不过这一次把计时器换成了细菌鞭毛。进化论研究者艾利奥

---

❶ 参见 *On the Nature of the Universe*，p59。

❷ 参见 *On the Nature of the Universe* 的开头，卢克莱修感谢了上帝赋予他非凡的洞察力，但这只是一个传统，在后面他清楚地表明"自然是自由而不受控制的，世界是独立运行的，没有所谓神的帮助"（p64）。卢克莱修对后世进化理论基石（增殖、变异和选择）的理解都在本书中做了详细的阐述，只是不敢在当时把它们形成类似达尔文进化论的原理。1874 年，自然物理学家约翰·丁达尔（John Tyndall，1820—1893）用卢克莱修的理论驳斥了"设计理论"，认为佩利的理论存在缺陷，参见 *Address Delivered Before the British Association Assembled at Belfast, with Additions*，p8，J. 廷德尔（J. Tyndall）著（伦敦：Longmans and Green 出版社，1874 年出版）。

❸ 在科学之外，活力论（vitalism）仍然具有影响力，事实上仍有许多人相信生命的产生过程中存在超自然力。这种共识不是建立在科学证据上，而是基于传统文化，包括神话传说和宗教信仰。活力论广泛的接受度不代表它是正确的。在发现微生物，比如细菌会传播疾病之前，所有人关于疾病传播的认知都是错误的。科学不是完美无瑕的，但它有自身的纠错机制——需要证据和实验来证明理论的正确性。而这一点在宗教的知识系统中（以古代文献的观点为权威），恰恰是缺失的，或者说是被人为抑制的。

特·索伯指出贝希忽略了进化史的关键事实，他说道："贝希定义了不可化约的复杂性，系统的结构非常精细，缺失任何一个部分都会导致其功能丧失（如今）。贝希认为进化生物学存在问题，如果现在的翅膀拥有和过去一样的飞行功能，在失去或改变部分结构后，它将不具备这样的功能。只有当飞行始终都是翅膀唯一功能的时候（从过去到现在），这才会是个问题。"[1] 换句话说，当我们思考细菌鞭毛结构的复杂性以及它是如何工作时，我们也许会认为这种复杂的结构一定是同时组装好的，这样才具有我们现在看到的功能。但这忽略了一个可能性，细菌鞭毛也许是一步步逐渐演化出来的，在最初它们并没有我们现在看到的功能，而是具有其他作用，帮助细菌在过去生存。如果我们考虑了进化历史，就会理解如今完整的鞭毛结构不是凭空产生的，它是通过长时间的增殖、变异、选择逐渐形成的。[2] 那些陈旧的质疑认为复杂结构不可能是自然过程的产物，其共同特点是：过时的、毫无根据的传播，对新发现一无所知，无视历史证据。当然，回声定位系统或者眼睛，这些复杂结构都不会凭空产生。没有任何东西是突然出现的。但是随着时间的推移，增殖、变异和选择会产生这种复杂性，无须任何"意图"。

---

❶　参见 *Evidence and Evolution*，p161—162，艾利奥特·索伯（Eliot Sober）著（剑桥：剑桥大学出版社，2008 年出版）。

❷　想知道细菌是如何通过自然而非超自然的方式组装鞭毛的，请看综述 *How Bacteria Assemble Flagella*，发表于 *Annual Review of Microbiology* 杂志，2003 年第 57 卷，p77—100，作者：R. 麦克纳布（R. Macnab）。

这一章我们看到了进行中的进化史。但我们只是观察到了进化过程的一个瞬间，谁知道将来会发生什么！我们必须仔细地观察研究，才能真正理解进化。正如亚里士多德所说："我们要保持对低等动物的审视研究，自然界的一切事物都有其奇妙之处。" ❶

---

❶ 参见 *Parts of Animals*，亚里士多德（*Aristotle*，前 384—前 322）著，可访问 http://classics.mit.edu/Aristotle/parts_animals.html。

第八章 进化的"镜子屋"

科学是对真相的无限探索。我们对真相的任何描述都是不完全的，科学探索没有终点，没有最好的解释。对真相的理解只会不断加深，伴随更具揭示性和包容性的理论解释。

——卡尔·乌斯 [1]

---

[1] 参见论文 *A New Biology for a New Century*，发表于 *Microbiology and Molecular Biology Reviews* 杂志，2004 年 6 月，p173—186，作者：卡尔·乌斯（Carl Woese）。

本书提及了许多关于增殖、变异和选择细节的新发现。下面，笔者将向大家介绍其中的一些由技术革新带来的新发现和细节以及用于解释这些新发现和细节而形成的新理论。在阅读这些内容之后，我们会确认两件事：第一，这些新发现和细节没有挑战达尔文进化论的基本理论，而是支持它；第二，一些目前我们无法解释的现象不代表将来仍无法解释（知识储备增加），也不意味着有超自然的答案。科学解释就像植物生长一样，它需要在知识的土壤中慢慢地生根发芽。

我们会发现，生物学研究没有抛弃达尔文的进化论。生命增殖的方式要比我们认为的多，变异的来源和限制也超乎我们的想象，在不同时间针对不同生命形式的自然选择正在以完全不同的方式运作着。但无论如何，增殖、变异和选择始终是进化论的基石。我们对于进化论的理解在不断完善，而不是试图推翻它。进化始终存在，我们对其复杂性的理解也在不断加深。

当前，关于进化生物学的研究文献显示了观察、概念、事实和理论之间惊人的关联，这就是进化的"镜子屋"，请进吧……

新的进化综合论

新的知识体系揭示了生物进化中的很多复杂性和细节，人们正在重新审视生命科学中的一些重大问题，甚至有人认为"新的生物学"已经到来。20 世纪 40 年代，遗传学、群体遗传学以及传统进化论的其他元素互相整合，形成了"现代进化综合论"，进一步影响了现代生物学研究。源源不断产生的新研究进展和启示让许多生物学研究者盼望形成一个"新的综合理论"。❶2009年，生物学家尤金·V.库宁发表了一篇文章 *The Origin at 150: Is a New Evolutionary Synthesis in Sight?*（"Origin"指的是达尔文的《物种起源》，1859年出版）。库宁认为，在后基因组时代，对基因的深入理解为生物学研究带来了很多助力，而达尔文的进化论仍在进行，它是"多种进化过程和模式的综合结果"，最终形成了迄今为止最为复杂的生物世界理论。❷库宁不是一个人在战斗，2007年，M.R.罗斯和T.H.奥克利发表了一篇名为 *The New Biology: Beyond the Modern Synthesis* 的文章；早在2004年，卡尔·乌斯便发表了 *A New Biology for a New Century* 这篇论文。本章会告诉大家为什么那么多人盼望新的"生物学"的到来。❸

---

❶ 早期的理论发展参见 *Evolution: The Modern Synthesis*，J.赫胥黎（J. Huxley）著（伦敦：Allen&Unwin出版社，1942年出版）；最近的发展史参见 *Evolution: The Triumph of an Idea*，C.齐默（C. Zimmer）著（纽约：Harper Collins出版社，2001年出版）。

❷ 参考论文 *The Origin at 150: Is a New Evolutionary Synthesis in Sight?*，发表于 *Trends in Genetics* 杂志，2009年第25卷第11期，p473—475，作者：尤金·V.库宁（Eugene V. Koonin，1956— ）。

❸ 现代综合理论的历史回顾，参见 *The Evolutionary Synthesis: Perspectives on the Unification of Biology*，恩斯特·迈尔和W.B.普罗文（W.B. Provine）合著（剑桥市：哈佛大学出版社，1998年出版）；最新的理论"革命"参见论文 *Biology's Next Revolution*，发表于《自然》，2007年第445卷，p369，作者：C.乌斯（C. Woese）；另参见论文 *The New Biology: Beyond the Modern Synthesis*，发表于 *Biology Direct* 杂志，2007年第2卷，可访问 doi:10.1186/1745-6150-2-30，作者：M. R.罗斯（M. R. Rose）和T. H.奥克利（T. H. Oakley）；还可参见论文 *The Origin at 150, Is a New Evolutionary Synthesis in Sight?*，p473—475，以及论文 *Darwinian Evolution in the Light of Genomics*，发表于 *Nucleic Acids Research* 杂志，2009年第37卷第4期，p1011—1034，作者：尤金·V.库宁。

分子遗传学

科学综述是对特定研究主题当前研究状态的一个全面调查，它可以让科学家们轻松回顾他们的研究领域内正在发生的事情。同时，这些文章也可以让大众从整体上了解该领域的进展。在本书的创作过程中，几乎所有笔者读过的综述（大概 20 多篇，外加 100 多篇研究论文）都以陈述对生物学理论近 20 年来的新理解作为开头。其中，许多新的概念来自分子遗传学领域。正如本书所介绍的，从基因层面理解进化是生命科学研究的核心，也是理解生物多样性必不可少的一环。分子遗传学并非仅仅聚焦于微观领域，相反，它在每一个层面都大大加强了我们对进化的理解。正如最近的综述提到的："生物学家不再仅使用群体生物学的概念来解决遗传进化问题，也不再只使用生物化学和分子生物学研究工具来解决细胞生物学的问题。如今越来越明确，基础科学问题的解决，如老化、性别、发育和基因组大小，依赖于各个层面研究的有机结合，即从分子水平到整体水平。"[1]

在介绍了分子生物学领域内多项重要的新发现以后，生物学家卡尔·乌斯仍然强调："增殖、变异和选择仍然是进化的基石，新细胞产生时所需的巨大数量和程度的复杂性，绝不是挥舞着变异和选择的魔杖就能实现的。"[2]

正如显微镜的发明能让我们窥探微生物的世界，望远镜的

---

[1] 参见论文 *The New Biology: Beyond the Modern Synthesis*。
[2] 参见论文 *A New Biology for a New Century*。

诞生能让我们观察遥远的世界，对任何物种基因组的检测技术都给生命科学研究带来了革命性的变化。

分子生物学能够让我们寻找并直观地感受到：

- 变异的化学起源。
- 单一物种个体间的变异。
- 不同物种间的变异。
- 不同物种属于同一祖先的时期。

快速基因测序技术让我们能比较不同生命个体的基因组（生命个体的所有基因）序列，包括同一物种或不同物种的不同个体。从生命个体间碱基层面的差异来理解变异的起源，可以让我们洞察进化的本质。仅仅一个碱基的不同，就会导致扁虫不同的觅食行为，以及果蝇酒精代谢能力的差异，它甚至还决定了人类镰刀型贫血的产生。

比较一个物种不同个体间的基因差异，可以显示上述群体内部的变异程度和种类，有时还能发现隐性的变异，或者只在遗传序列上体现却没有任何实际作用的变异。

当我们比较不同物种间的 DNA 序列（就像比对指纹）时会有什么效果呢？它不仅能让我们分析物种之间是否在遗传上相近（尼加拉瓜火山湖的鱼类），还能让我们应用这项新技术完整独立地去检测分析几百年以来，数以百万计的物种标记——基于解剖学差异的标记。新的比较基因组学正在形成，随之而来的会是令人振奋的进展。最近，伍兹霍尔海洋研究所深海潜水

器 *Nereus* 在西太平洋下潜到了水下 10 900m。几分钟内，人们在水面之上通过视频摄像头观察到一个小海底生物在海床的淤泥中运动。可以想象，这个生物的基因在不久之后就会被检测并与浅水生物的基因进行比较。它们之间有什么联系或差异呢？

分子遗传学还能确定物种分化的年代。通常来说，特定物种的 DNA 会以已知的、稳定的速率积累突变（变异）。如果一个群体分裂成新的群体 A 和 B，在 X 代以后，A 和 B 的基因组之间应该会存在 X 个突变。现在，比较 A 和 B 的基因组，我们便可以分析出两者的序列差异。这些差异的数量就是所谓的"时钟"，它会告诉我们群体 A 和 B 在进化上分开多久了。其中，最著名的例子是用遗传时钟来分析计算现代人类在非洲出现的时间，结论是大约 15 万年前。[1] 这是一个独立的证据，不仅和化石证据吻合，和考古证据显示的结果也一致。分子时钟有它的复杂性，但它没有被摒弃，而是一直在被改进。上述通过多项完全独立的研究得到的结论很难被质疑，它的真实性让它无惧被带上法庭（事实上 DNA 证据在全世界的法庭都被采信），因为这一切都是建立在进化的基本原则（增殖、变异和选择）之上的。

但我们仍需小心。很容易让人觉得通过检测物种的 DNA，我们就能掌握它的本质。实际上，每一个个体都存在不同，最近的综述提醒："一个实验室内获得的单个基因组数据不应该被

---

[1]　关于 DNA 时钟的综述请参见论文 *Out of Africa Again and Again*，发表于《自然》，2002 年第 416 卷，p45—51，作者：A. R. 坦普尔顿（A. R. Templeton）。

当作研究对象进化的终点，也不一定具有代表性。"❶ 基于此，从特定物种样本中获得的基因组数据只能作为参考，因为取样的样本和物种其他个体之间可能存在差异。但是这不会影响 DNA 作为证据在法庭的使用，因为 DNA 检测通常是用于确认人类个体身份，并不是鉴定它们是否属于同一物种。

总而言之，基因组检测技术让我们理解了进化的本质，就好比我们打开了引擎盖，接触到了引擎，并且能够看到燃油泵、火花塞等。效果是革命性的，最近的大部分研究进展都和基因组学相关。

水平基因转移

生命个体是由父母一代繁衍而来的，它们与父母的相似性是 DNA 从上一代到下一代的转移结果，这种转移物为垂直基因转移。对于某些生命形式来说，还存在另一种获得 DNA 的方式，即水平基因转移（HGT）。水平基因转移是指 DNA 在个体形成以后的生命过程中被吸收整合进入其基因组，随后传递到子代。比如，大肠杆菌 18% 的基因组是从另一种著名细菌——沙门氏菌中获得的。

早在 20 世纪 30 年代，人们就已经知道微生物中存在这一现象。过去几十年，由于基因组学的发展使得我们有能力比较整个基因组，我们因此也能够深入地理解水平基因转移。海洋生物学家 J. H. 保罗曾写道："就在不久以前，将不寻常的基因组

---

❶ 参见 *The Human Inheritance*，p93—117，B. 赛克斯（B. Sykes）编著（牛津：牛津大学出版社，1999 年出版）。

发现归因于水平转移，仍会遭受广泛的质疑……然而，对基因组的全面分析使基因转移这个概念变得不可或缺，它能帮助我们更好地理解微生物的进化。"[1]

　　水平基因转移的一个后果就是让生物之间的分类变得更加困难。需要注意的是，一个物种是一个经历过生殖隔离后的群体，水平基因转移使基因片段在不同种微生物之间自由漂移，增加了它们之间的区分难度。[2]曾有微生物学家写道："细菌，一直处于外来基因的轰炸之下[3]，它们不仅从祖先那里继承DNA，还能从外源获得这种遗传物质，有时甚至能从和它们完全不同的生物体内获得DNA。"水平基因转移不是特例，也不是一次性的，对微生物而言它具有普遍性、经常性，会给细菌带来大量新的变异。[4]因为生殖方式为无性繁殖，所以微生物不存在DNA重组（重组为有性生殖生物提供了大量的变异）。很多人会疑惑微生物是如何生存这么长时间的，在不断变化的环境压力下，帮助它们适应环境的遗传变异来自哪里？答案是很多来自水平基因转移，这也被认为是微生物进化的一个关键因素。科学观点正在发生变化，研究人员认为水平基因转移在原核基因组进化过程中起了关键的作用。[5]

---

[1]　参见论文 *Microbial Gene Transfer: An Ecological Perspective*，发表于 *Journal of Molecular Biotechnology* 杂志，1999 年第 1 卷第 1 期，p45—50，作者：J. H. 保罗（J. H. Paul）。

[2]~[4]　参见 *The Implicit Genome*，p121—137，L.H. 卡波拉尔（L.H. Caporale）编著（牛津：牛津大学出版社，2006 年出版）。

[5]　参见 *Systematics and the Origin of Species: On Ernst Mayr's 100th Anniversary*，p267—285。

为什么微生物的世界很重要？原因之一是，尽管肉眼无法察觉，但微生物实际上是地球上分布最广泛的生命形式：其数量不胜枚举，如果它们和宏观生命形式的进化方式不同，而我们需要全面了解进化，那么就不能忽略这一最常见的生命形式的存在。

　　此外，地球早期的生命通常都是单细胞形式，了解如今微生物的水平基因转移能够帮助我们窥探地球早期生命形式的进化奥秘。也许几十亿年前的生物学规律和如今完全不同，正如生物学家 G.J. 奥尔森和卡尔·乌斯所说："当回溯我们的祖先时，从基因组研究衍生出来的进化图谱虽然充满不安，但令人着迷。相比于最原始的生物世界，如今由不同的生命形式（物种概念）构成的简单世界以及基因和表型之间明确的联系（生物学理论的基石）失去了精髓，在塑造基因、表型以及两者联系的进化激流中逐渐消融。" ❶

　　在探索原始世界时，生物学家卡尔·乌斯认为，在生命最初的进化过程中，水平基因转移是早期细胞进化最主要的动力，超过了垂直基因转移，因为早期的细胞生命非常简单，其组织结构松散，并且群居。这些早期细胞的 DNA 复制和表达系统非常容易出错，反而促进了其对生态系统中其他细胞 DNA 的吸收整合。当细胞结构变得复杂时，一个"达尔文的门槛"出现了，

---

❶　参见论文 *Archaeal Genomics: An Overview*，发表于 *Cell* 杂志，1997 年第 89 卷，p991—994，作者：G. J. 奥尔森（G. J. Olsen）和卡尔·乌斯。

在这之后，垂直基因转移成为基因流动的主要形式。**❶**

到目前为止，我们介绍了水平基因转移在单细胞生物世界中非常常见，但是在多细胞生物中，也存在一些类似的例子。我们很可能会发现（有些我们应该已经发现），水平基因转移在多细胞生物的进化中也起了重要作用。正如生物学家 T.R.E. 索斯伍德所说："非常不可思议，我们意识到多细胞生物并不是单元（仅仅一个）DNA 的最终产物，而是在不同进化道路上收集（基因）碎片的复杂生物。"**❷**

通过很多遗传研究，我们在一些蝇类中观察到了水平基因转移。此外，在植物中也存在类似现象。生物学家正在对不同的水平基因转移进行分类。比如，最近的研究论文能够按照发生时间的先后区分一个物种的水平基因转移。**❸** 这是基础研究，但都有各自的含义，是任何新的科学分支形成所必需的、探索

---

❶　参见关于水平基因转移非常全面的综述 *Ancient Horizontal Gene Transfer*，发表于 *Nature Reviews Genetics* 杂志，2003 年第 4 卷，p121—132，作者：J. R. 布朗（J. R. Brown）。

❷　参见论文 *Interactions of Plants and Animals: Patterns and Processes*，发表于 *Oikos* 杂志，1985 年第 44 卷，p5—11，作者：T. R. E. 索斯伍德（T. R. E. Southwood）。

❸　参见论文 *Horizontal Gene Transfer in Eukaryotic Evolution*，发表于 *Nature Reviews Genetics* 杂志，2008 年第 9 卷，p605—618，作者：P. J. 基林（P. J. Keeling）和 J.D. 帕尔默（J.D. Palmer），在 p605 中提到"原核及真核生物中水平基因转移的科学实证数量正在快速增加"。原核生物是微生物，只有 DNA 集中的核区，没有细胞核膜，而真核生物具有双层膜包围的细胞核，多细胞动物属于真核生物。关于这些术语的重要性（或现实性）存在很多争议，著名的微生物学家卡尔·乌斯在 2004 年曾写道："1962 年，'原核生物'一词（和概念）悄然出现。"参见论文 *A New Biology for a New Century*。

性的、描述性的工作。生命科学家一直在研究已经解密的不同基因组，以寻找远古水平基因转移发生的证据。

令人震惊的是，当认识到水平基因转移的规模和意义后，我们发现类似"拉马克"式的进化也许确实存在。让－巴蒂斯特·拉马克（第三章中提到）是一位法国的博物学家，他在达尔文之前提出了假说，认为物种可以随时间发生改变。和达尔文的进化论不同的是，拉马克认为，生物个体生命过程中发生的事情会显著地改变子代的表型特征。然而，达尔文证明了拉马克的学说存在根本性错误。

正如本书第三章中提到的，如果一个人意外地丢失了一条手臂，这种信息虽然是在这个人生命过程中获得的，但不会编码到他的遗传基因中，他的后代也不会一出生就没有手臂。这个结论无可厚非，但是水平基因转移的发现提示了"某些"信息会以 DNA 的形式，在生物的生命过程中被获取并遗传给子代，类似于拉马克提出的获得性遗传。❶

分子生物学和水平基因转移的发现促使研究人员重新思考我们应该如何分类描述已有的物种。图 12 显示了物种分类的一些方法。在图 12（1）中，我们可以看到鸽洞式概念分类，物种之间有明确的画线隔离，这些物种分布在一个巨大链条的不同层次结构中，人类处在链条的顶端（超自然的物种高于人类，这里没有显示）。图 12（2）中包含了时间因素（过去和现在），显

---

❶ 拉马克的概念有时过于简单，但我认为其核心非常明确，大家可以通过阅读《进化的十大神话》（第二章）来了解拉马克理论和达尔文理论的区别。

示物种不是像图 12（1）中显示的那样一成不变，它们会随时间推移不停地变化。在图 12（2）左半部分，我们可以看到物种随时间推移逐渐改变，如果可以找到物种的遗迹，我们可能会用点画线来表示物种 A 和物种 B，显示谱系中任何一个生物个体都是过去和现在不可或缺的连接。在图 12（2）右半部分，我们可以看到物种 A 随时间逐渐演变成物种 F、G 和 H，图中重叠的线框代表了不同的物种。同时，物种 A 也演化出了物种 B，而物种 B 是物种 C、D 和 E 的祖先。在图 12（3）中，我们看到两种显示物种间联系的方式（物种 A、B、C、D 和 E 的分支线）。图上部代表现在，下部代表过去。左边的进化树图显示现在物种 E 单独存在，和其余的物种都不同，而物种 C 和 D 非常接近，它们在近期才出现分化，两者和物种 B 也有较近的联系。右边的图显示了进化树整合水平基因转移信息后的情况。我们可以看到在过去的某个时间点（箭头标记），物种 E 的部分遗传物质越过谱系限制，被物种 B 整合吸收了。同样，在更近的时间点，物种 C 的 DNA 遗传物质，"跳跃"进了物种 E。❶

对水平基因转移的认识对理解进化非常重要，生物学家尤金·V. 库宁为此特意在 2009 年发表了一篇题为 *Is Evolution*

---

❶ 参见论文 *Lateral Gene Transfer Challenges Principles of Microbial Systematics*，发表于 *Trends in Microbiology* 杂志，2008 年第 16 卷第 5 期，p200—207，图 3，作者：E. 巴普斯特（E. Bapteste）和 Y. 鲍彻（Y. Boucher），以及 E. 巴普斯特等的另一篇论文 *Phylogenetic Reconstruction and Lateral Gene Transfer*（发表于 *Trends in Microbiology* 杂志，2004 年第 12 卷第 9 期，p406—411, 图 4）中关于物种本质及其关系的可视化研究新方法。

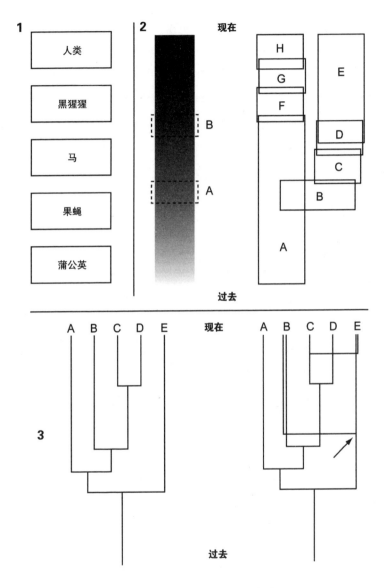

图 12 显示物种之间联系的方式图

Darwinian or/and Lamarckian? 的文章。❶ 对于这个问题的答案
似乎是两者兼有（即同时肯定了达尔文和拉马克）。针对这一问
题，全世界的研究工作也在有条不紊地进行着。2009 年出版的
Horizontal Gene Transfer: Genomes in Flux 中包含了一个章节"移
动基因组（*mobilome*）的定义"，描述了能够在不同物种间转移
的移动遗传物质的基本种类和特征。❷

通过研究水平基因转移，我们也许还能有更多的收获。早
在 2006 年就有人认为，在全基因组测序技术出现以后，对原核
（单细胞生物）基因组中移动 DNA 作用的研究才刚刚开始。❸

到 2009 年，测序技术揭示了上万个病毒、上千个细菌以及
相关的数百个多细胞生物的全基因组序列（基因组中所有 A、C、

---

❶　参见论文 *Is Evolution Darwinian or/and Lamarckian?*，发表于
Biology Direct 杂志，2009 年第 4 卷，可访问 doi:10.1186/1745-
6150-4-42，作者：尤金·V. 库宁和 Y. 鲍彻。

❷　参见 *Horizontal Gene Transfer: Genomes in Flux*，M. B. 戈加藤
（M. B. Gogarten）、J. P. 戈加藤（J. P. Gogarten）和 L. 奥登泽夫
斯基（L. Oldenzewski）编著（纽约：Humana Press 出版社，2009
年出版）。简要的概述参见论文 *Horizontal Gene Transfer, Genome
Innovation and Evolution*，发表于 *Nature Reviews Microbiology* 杂
志，2005 年第 3 卷，p679—687，作者：J. P. 戈加藤和 F. 汤森（F.
Townsend），以及参见论文 *Prokaryotic Evolution in Light of Gene
Transfer*，发表于 *Molecular Biological Evolution* 杂志，2002 年第 19
卷第 12 期，p2226—2238，作者：J. P. 戈加藤、W. F. 杜立特（W. F.
Doolittle）和 J. G. 劳伦斯（J. G. Lawrence）。

❸　参见 *The Implicit Genome*，p121—137 中由 G. 迈尔斯（G.Myers）、
I. 保尔森（I. Paulsen）和 C. 弗拉泽（C. Fraser）撰写的 *The Role of
Mobile DNA in the Evolution of Prokaryotic Genomes* 部分内容（p122）。

G、T 的碱基排列顺序）。❶ 对其他物种的测序工作正在如火如荼地进行中，谁知道哪些基因是通过水平转移而不是通过垂直转移的呢！

表型可塑性

表型，即基因通过机体的外在表现。表型不是一成不变的。到目前为止，我们集中介绍了表型是由基因型决定的，这是毫无疑问的。但是在个体生命进程中，其表型是可以改变的。表型可塑性（可以被改变的特性）是指生物个体可以在生理上（体内）或形态上（外形）发生改变来应对环境的变化。❷ 需要注意的是，这不是生物个体应对环境时通常的生理反应，比如动物个体变大时，会吃更多的食物。在表型可塑性中，存在特异性的基因直接控制身体的改变来应对环境的变化。这些特异性的基因，在特殊的环境下会被启动激活。它们存在于基因组 DNA 内，会被选择（增加适应性）或淘汰（减少适应性）。

表型可塑性的存在提醒我们在研究生物特征时，需要确定所观察的特征（蟹钳的大小、鱼的颜色）是简单的生长还是遗传

❶ 参见论文 *Darwinian Evolution in the Light of Genomics*，p1011—1034。

❷ 关于表型可塑性的概述可参见 *Phenotypic Plasticity in the Interactions and Evolution of Species*，发表于《科学》，2001 年第 294 卷，p321—326，作者：A. A. 阿格拉沃尔（A. A. Agrawal）。更深入的内容可参见 *Phenotypic Plasticity: Functional and Conceptual Approaches*，T. J. 杜威特（T. J. Dewitt）和 S. M. 谢纳（S. M. Scheiner）合著（牛津：牛津大学出版社，2004 年出版），该书介绍了许多表型可塑性的实例，通过环境因素"激活"可塑性，当我们在环境选择性压力下观察或想象生物的真实生活时，需要考虑这个概念。

介导的可塑性反应。

比如水蚤（溞属），一种微小的像虾类的甲壳纲动物，外形通常是泪滴状的，在球状身体末端有一条细长的尾巴。当这些水蚤暴露于漂浮在水面上的特定化合物上时——和危险猎食者（幽蚊）相关的化合物，它们会在球状身体前端长出类似长刺的组织结构。这个长刺的尺寸和水蚤身体差不多，能够提供一些保护，所以它不是次要的特征，而且只在水蚤探测到捕食者的化学气味时才出现。因为这种特殊的身体结构是由 DNA 指导生成的，所以化学环境会以某种方式激活某些特定基因，以促进长刺的生长，就像启动开关一样。[1] 水蚤携带了一个（一些）基因，平时为潜伏状态（失活），直到捕食者的化学气味被发现，上述基因会被激活并传递到下一代。[2] 环境的选择性压力不仅作用于身体表型，还影响了介导可塑性反应的基因。生物学家玛丽·简·韦斯特-埃伯哈德形容可塑性时如此说道："遗传变异和发育可塑性是所有生物的基本属性，所有生物个体（除了无突变的克隆体）的基因组都不相同，它们都有能够响应基因组和环境输入的表型。"[3]

请注意，不是任何变异都能成为可塑性反应，物种自身的

---

[1] 参见 *Evolution in Changing Environments*，R. 莱文斯（R. Levins）著（新泽西州普林斯顿：普林斯顿大学出版社，1968 年出版）。

[2] 参见论文 *Embryology of Chaoborus-Induced Spines in Daphnia pulex*，发表于 *Hydrobiologia* 杂志，1992 年第 231 卷，p77—84，作者：K. 帕杰科（K. Parjeko）。

[3] 参见 *Systematics and the Origin of Species: On Ernst Mayr's 100th Anniversary* 中（p69—94），玛丽·简·韦斯特-埃伯哈德（Mary Jane West-Eberhard）所撰写的 *"Developmental Plasticity and the Origin of Species"* 部分内容。

遗传史在很大程度上决定了它的基因在下一代的作用（尽管复杂，生命会随时间积累新的变异）。生物学家在研究表型可塑性时会先确定物种的反应规范，即可塑性反应的常规程度范围。

有时，特别是在研究植物时，我们可以发现表型可塑性，但这些现象直到最近 10 年才被认真对待❶，部分原因是我们如今掌握了通过遗传工具来检测可塑性反应的源头——基因。

以上所述可以帮助我们更深入地理解生物物种。当我们观察一种生物的表型时，如壳的厚度或叶子的宽度，我们是在研究个体与生俱来的"固定特征"吗？这个特征是环境因素激活基因后产生的表型可塑性吗？我们需要大量的观察和实验去寻找答案。比如，在水蚤的例子中，1912 年生物学家认为携带刺状组织结构的水蚤和没有该结构的水蚤是不同的物种。这值得我们好好思考！

远古 DNA 的复原

现在，我们已经非常清楚 DNA 的重要性了。DNA 携带着或多或少构建特定生命形式的指导信息，可以告诉我们生命是如何形成的。❷ 在很长一段时间内，人们认为 DNA 在生物个体

---

❶ 参见论文 *The Evolutionary Significance of Phenotypic Plasticity*，发表于 *Bioscience* 杂志，1989 年第 37 卷第 7 期，p436—445，作者：S. C. 斯特恩斯（S. C. Stearns）。

❷ 生物学家米库尔·波塔（Miquel Porta）指出，基因和它们创建的产物之间的关系有时不是我们想象的那样直接，基因组不是严格的电脑程序，它更像是即兴的爵士乐谱。参见 *The Genome Sequence Is a Jazz Score*，发表于 *International Journal of Epidemiology* 杂志，2003 年第 32 卷第 1 期，p29—31，作者：米库尔·波塔。

死亡以后会被降解，它们只能在个体内被保存数年至上百年。然而，最近的研究显示，在特定条件下，大量的 DNA 能够被长时间保存。

最著名的远古 DNA 复原的例子来自欧洲，在那里大量的 DNA 从尼安德特人遗迹中得以还原（尼安德特人是 30 万~3 万年前生活在欧洲的原始人，现已灭绝）。2006 年，德国马克斯普朗克研究所的一个研究小组发表了一篇题为《尼安德特人 DNA 的百万碱基测序分析》的论文，震惊了世界。最近，加州大学圣克鲁斯分校在线提供了第一份尼安德特人的基因图谱。更令人兴奋的是，最近发现现代欧洲人和尼安德特人共享了 4% 的 DNA 片段。尼安德特人显然已经灭绝了，这意味着那些从非洲来的现代人类祖先（取代了尼安德特人），在一定程度上与尼安德特人进行了通婚。事情发生得如此之快，之前我在课堂上向学生介绍尼安德特人时曾说过，没有明确的遗传学证据证明现代人类和尼安德特人交配过，3 天之后，这篇文章便发表了。❶

还有一个例子，科学家在 1.9 万年前的鸟类蛋壳（澳大利亚、新西兰和马达加斯加）样本中还原了 DNA，以此进一步研究它

---

❶ 参见论文 *Analysis of One Million Base Pairs of Neanderthal DNA*，发表于《自然》，2006 年第 444 卷，p330—336，作者：R.E. 格林（R. E. Green）等。另参见格林等的另一篇论文 *A Draft Sequence of the Neandertal Genome*，发表于《科学》，2010 年第 328 卷第 5979 期，p710—722。还可参见 *Cavemen among Us: Some Humans Are 4 Percent Neanderthal*，发表于 *Christian Science Monitor* 杂志，2010 年，作者：皮特·斯波茨（Pete Spotts），可访问 http://www.csmonitor.com/Science/2010/0506/Cavemen-among-us-Some-humans-are-4-percent-Neanderthal。

们的进化史。❶目前，还原的最古老的 DNA 之一是来自 1 700 万 ~2 000 万年前爱达荷州的木兰叶化石。❷此外，在 20 世纪 90 年代，研究人员还复原了 2 500 万 ~3 000 万年前的琥珀中 的白蚁 DNA。❸最近，软组织（如血管）在 6 800 万年前的霸王 龙以及 8 000 万年前的鸭嘴龙化石中被发现。❹

我们还能往回走多远？最近，马克斯普朗克研究所的远古 DNA 研究专家斯万特·帕博认为，100 万年可能是很多情况下 的极限，而我们刚才提到的极其古老的 DNA 可能是非常罕见的 例子。❺但世界上存在多少化石和琥珀样本？几十亿！如果说在 远古 DNA 研究领域有什么事情经常发生，那就是我们不断意识 到自己的估算是不准确的。这么说无意冒犯，但我希望帕博博 士是错的。谁会第一个从 200 万 ~400 万年前的人类（我们自身

❶ 参见论文 *Fossilized Eggshells Yield DNA*，发表于 *Discovery News* 杂 志，2010 年 3 月 9 日，作者：珍妮弗·瓦尔加斯（Jennifer Vargas）。

❷ 参见论文 *Structural Biopolymer Preservation in Miocene Leaf Fossils from the Clarkia Site, Northern Idaho*，发表于 *Proceedings of the National Academy of Sciences (USA)* 杂志，1993 年第 90 卷，p2246—2250，作 者：G. A. 洛根（G. A. Logan）、J. J. 布恩（J. J. Boon）和 G. 埃格林顿（G. Eglinton）。

❸ 参见论文 *DNA Sequences from a Fossil Termite in Oligo-Miocene Amber and Their Phylogenetic Implications*，发表于《科学》，1992 年 第 257 卷，p1933—1936，作者：R. 德萨尔（R. DeSalle）。

❹ 参见 *Oldest Dinosaur Protein Found—Blood Vessels, More*，发表于 *National Geographic News*，2009 年 5 月 1 日，作者：约翰·罗奇（John Roach），可 访 问 http://news.nationalgeographic.com/news/2009/05/090501–oldest– dinosaur–proteins.html。

❺ 参 见 *Changing Science and Society*，p68—87，斯 万 特·帕 博 （Svante Pääbo）著（剑桥：剑桥大学出版社，2004 年出版）。

的祖先）化石中还原出 DNA 呢？我相信现在一定有人在做这样的尝试。

突变形成

我们知道变异对进化非常重要，虽然"突变"这个词通常用于指不好的改变，但在进化中，它仅仅用来表示亲本和子代之间（或同类之间）产生的新的不同。如果突变影响了生物的适应性，我们认为是有意义的突变。在很长一段时间内，大家认为突变的发生频率非常小。在生物学过去几十年里，突变的概念是如此定义的：突变是瞬时性的事件，在诱变剂的作用下，一下子就发生了。[1]

今时不同往日，对基因组的直接研究和更深入的理解完全改变了我们的观念。代际间的 DNA 序列稳定性是通过一系列生物化学机制来维持的，它们可以保护 DNA 免受可预见的损伤（日常复制过程），避免进一步灾难性后果发生。[2]

当我第一次看到上面那段话时，也非常震惊。但这的确就是事实。在大肠杆菌中存在一个 *mutT* 基因，从 DNA 组装开始，通过阻止引起 DNA 降解的化合物来保护 DNA。实验显示如果 *mutT* 基因失活，突变发生的频率将比正常时高 10 倍。在人体中，

---

[1]　参见论文 *Ultraviolet Mutagenesis and the SOS Response in Escherichia coli: A Personal Perspective*，发表于 *Environmental and Molecular Mutagenesis* 杂志，1989 年第 14 卷增刊 16，p30—34，作者：E.S. 威特金（E. S. Witkin）。

[2]　参见 *The Implicit Genome*，p39—56 中由 E.C. 弗里德伯格撰写的 *Mutation as a Phenotype* 部分内容。

有一个 *mutT* 基因的同源基因，其功能和大肠杆菌中的 *mutT* 基因基本类似，另外一个人源基因 *NER*，在修复由紫外线造成的皮肤细胞 DNA 损伤过程中可以被激活。

突变经常发生，它太常见了，以至于整个 DNA 修复系统也在不断进化。在 DNA 复制传递的过程中，不时会有突变发生，同时也伴随着修复。上述发现改变了人们对突变起源的观点，即变异是从瞬时产生的破坏到 DNA 修复机制的异常！ ❶这些发现迫使我们以完全不同的方式重新审视变异的来源——突变。

进化生物学

生物个体的发育是由 DNA 携带的遗传信息控制的，早期生物学家痴迷于观察不同生物从胚胎到成年时期的发育。20 世纪早期，生物学家特奥多尔·博韦里曾这样形容自己研究生物发育时兴奋的心情：

> 我得到了 4 个卵裂球，都是四叶卵。更重要的是，每一个都不同。一个在囊胚期继续分裂；一个成为间质细胞，然后坏了；一个开始形成原肠胚；还有一个甚至长成了原肠胚。有一次我还得到了一个非常初级的幼体。基于此，我相信我们终于接近了真相。生物

---

❶ 参见 *DNA Repair and Mutagenesis*，p39—56，以及 1994 年 12 月 23 日出版的《科学》中刊发的多篇文章。

发育依赖的不是染色体的数量，而是质量。 ❶

在过去的 20 年里，遗传学的发展让我们可以更深入细致地研究发育。事实上，我们现在可以观察和理解分子层面的事件（基因是由 A、C、G 和 T 碱基组成的），调控了生物的发育过程。进化生物学研究集中在这个领域而且获得了举世瞩目的重大发现。

其中一个发现就是，绝大多数动物无论外表有多么大的差异，都含有几个类似的基因家族，调控着主要的身体模式发育。❷

这意味着无论生物在表面上有多不同，如海胆、松树、毛毛虫甚至人类，在其身体发育过程中均是由控制特定结构形成的少数几组基因促成的巨大差异，即表型。此外，基因的工作方式也很神奇，如果一个参与身体发育的功能基因在特定时间被"关闭"了，会产生一个特定的身体形态。而当它持续"打开"时，即继续指导蛋白组装，它会产生一个不同的身体结构。少数关键基因的工作时序决定了发育以后的生物多样性。

许多动物都有一个"基因工具盒"，这些基因在不同的动物

❶　参见 *Theodor Boveri Life and Work of a Great Biologist*，F. 巴尔策译成英文版（加州：加州大学出版社，1967 年出版），在 *Developmental Biology* 在线图书中也能找到相关引用，可访问 http://8e.devbio.com/article.php?ch=7&id=75。

❷　参见 *Endless Forms Most Beautiful: The New Science of Evo-Devo and the Making of the Animal Kingdom*，p577，S. B. 卡罗尔（S. B. Carroll）著（纽约：W.W. Norton 出版社，2005 年出版）。更简要的概述参见 S. B. 卡罗尔撰写的论文 *Evo-Devo and an Expanding Evolutionary Synthesis: A Genetic Theory of Morphological Evolution*，发表于 *Cell* 杂志，2005 年第 134 卷，p25—36。

身体中具有同样的功能，但却形成了不同的身体形态（表型），因为它们的调控时序不同。在介绍这些基因之前，请记住如今的基因命名非常混乱，有一些标准用于指导高度技术性的基因命名，但是研究基因的科学家常常会给基因起一个有趣而容易记住的名字。*tinman*（铁皮人）基因和"循环泵"的发育相关，其实就是心脏；*sonic hedgehog*（刺猬）基因参与很多身体结构发育，比如指头的数量（手指和脚趾）；*methusela*（传说中的族长，活了 969 岁）基因的变异和果蝇以及人类的长寿有关。

有很多在不同动物中都存在且具有相同功能的基因，*pax6*基因就是其中之一。该基因和光受体的发育相关，在有些动物中，光受体只是简单感受光的结构，而在其他动物中，光受体构成了非常复杂的眼睛，所有这些都是在 *pax6* 基因的控制之下显现出来的表型特征。令人震惊的是，如果将哺乳动物（如小鼠）的 *pax6* 基因在特定发育时间转移表达在果蝇体内，果蝇会在基因表达部位长出光受体结构。如果把果蝇的 *pax6* 基因转移表达到哺乳动物身上，会促成果蝇特有的复眼结构的形成。❶

同样，如上文提到的 *tinman* 基因家族，特别是 *tinman/ NK2.5* 基因，在人类、鱼类、蝇类或蛙类（还有很多其他生物）

❶ 通常在生命系统的世界中，事情从来都不是那么简单，*pax6* 基因对光受体的形成非常关键，另外还有其他基因也参与了动物眼睛（8 种类型）的发育，参见论文 *Casting a Genetic Light on the Evolution of Eyes*，发表于《科学》，2006 年第 313 卷，p1914—1918，作者：R.D. 弗纳尔德（R.D. Fernald）。控制多种表型特征的基因（生命体是由基因建立的）称为多效性基因（pleiotropic），而被多个基因共同调控的单一特征（如肤色）称为多源性特征（polygenic），由此可见其中的复杂性。

中控制了循环泵，即心脏的发育。❶

还记得第七章中提到的 *prestin* 基因吗？这个基因和听觉结构的发育相关，在具有回声定位功能的动物中（蝙蝠和鲸），这个基因（进化过程中）显然经历了相似的变化，才能在蝙蝠和鲸中产生类似的功能。*RH1* 基因参与视紫质（眼睛中的光敏物质）的形成，最近的研究发现，在弱光环境下栖息的蝙蝠，其 *RH1* 基因的一些微小特征非常类似。❷

看到关于新基因功能发现的报道实在令人振奋，这些作者以探索的角度写作，在未知的 DNA 世界中穿越，找到了全新的"暗物质"，甚至还发现了自由漂移的"流浪基因"。DNA 的微观世界仍然是一块处女地，就像冥王星表面那样充满未知。

生命科学家寻找鉴定出了许多主要的基因家族（功能类似的一组基因），甚至包括构建所有生命最基本的"基因工具盒"。少数基因（大约 500 多个）控制了生物大部分结构的发育（如眼睛和听觉系统），我们把它们称为"不朽的基因"。不管生物体内其他基因的命运如何，这些不朽的基因在经历了千万年的进化历程后仍然被保存下来。我们还能如何解释小鼠的 *pax6* 基因能够在果蝇体内诱导产生光受体结构这一现象？要知道在进化史上，

---

❶ 目前，已知最早的心脏结构来自 5 亿年前，参见论文 *Gene Regulatory Networks in the Evolution and Development of the Heart*，发表于《科学》，2006 年第 313 卷，p1922—1927，作者：E. N. 奥尔森（E. N. Olson）。

❷ 参见论文 *Parallel and Convergent Evolution of the Dim-Light Vision Gene RH1 in Bats*，发表于 *PLoS Biology* 杂志，2010 年第 15 卷第 1 期，可访问 doi:10.1371/journal.pone.0008838，作者：Y.-Y. 沈（Y.-Y. Shen）。

两个物种在数亿年前就已经从共同的祖先身上分离出来了。我们找不到其他答案了，光受体基因已经被保存很久了。

于我而言，进化生物学最令人震惊的结果之一是我们可以基于基因而不是化石记录，对早期生命进行重构。通过不同的方法确定某些基因的年龄，威斯康星－麦迪逊大学的肖恩·B.卡罗尔研究了这些最古老基因在很多不同物种中的分布情况，以此重构了早期生命——很多动物甚至人类的祖先。

在图 13（A）中，是笔者改编自卡罗尔关于两亿年前祖先的图示。通过已知基因（仅仅显示一小部分），这张令人难以置信的图示重构了一个远古生命。因为分节基因 *engrailed* 非常古老，所以我们知道这个远古生命是从前往后分节的；我们还知道它拥有一个循环泵（类似心脏，血管中携带了类似血液），因为 *tinman/NK2.5* 基因也很古老；*ems* 基因同样古老，它与神经系统的产生相关，所以这个远古生命还有类似神经纤维的结构（图中虚线所示）。我们还能看到肠道和古老的 *ParaHox* 基因相关；*Dll* 基因在如今的绝大多数动物中仍然存在，可以帮助触须的形成，因此这个远古生命也长有类似触须的结构。最后，*pax6* 基因决定了它具有对光敏感的眼窝。我花了很多时间观看这张图，思考它的内在含义。就像詹姆斯·D.沃森和弗朗斯西·克里克"DNA 照镜子"那样，这个图就是我们观看远古时代的一面镜子。[1] 在图 13（B）中，是笔者对次远古生命（6 000 万年前的

---

[1] 关于进化生物学的著作有很多，笔者自认为最好的入门书籍是肖恩·B.卡罗尔（Sean B. Carroll）的论著 *Endless Forms Most Beautiful*。

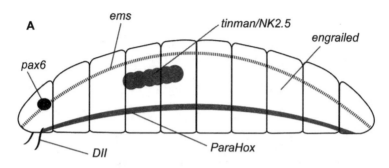

图 13 　远古生命形式的重构

灵长类动物）的重构。这个重构用了很多传统的方法，比如检测化石。在这里，取样应用的化石样本非常小，笔者根据它们提示出的信息构想出了这个灵长类动物和猫类似大小，拥有爪子和尾巴，而皮肤上的林地伪装模样则完全出于臆想，但是有证据显示这些动物生活在多叶、阴暗的栖息地，因此，这种臆想是合理的。随着分子证据不断用于研究灵长类的进化，我可能还要继续修改这幅画。

进化生物学取得了很大的成就。虽然无法在这里一一阐述，但是我想让大家一起感受到它的振奋人心！大家可以在网上搜寻这些研究报道：

　　·海葵基因组揭示了祖先真水母的基因库和基因组（2007）。
　　·听觉基因 prestin 统一了回声定位的蝙蝠和鲸鱼（2009）。
　　·蝴蝶翅膀模式的遗传和进化发育研究（2002）。
　　·甲壳动物附肢进化和 Hox 基因变化的相关性研究（1997）。

最后，我们介绍一下基因之间是如何进行测序和鉴定比较的。以下是人源基因 prestin 的 2 098 个包含了 A、C、G、T 的特征碱基序列。这个序列包含的信息（尽管很难想象）编码在我们自己的 DNA 中，也编码在所有其他人的 DNA 中。而在其他的物种中，该基因的序列存在一些变异。这段序列和其他基因一起（请看第二章）决定了听觉系统的建立。其他基因只是参与，而 *prestin* 基因对听觉系统的构建至关重要。

人源基因 *prestin* 的 2 098 个碱基对

acctggaggcagcgcgcgcgtcgaagaggcagcggctgtggagcgcggc
ggggcggctccgcccagggcagcccgggctgggccaaggagcgagctct
cccttctcctgctctcagcctcagtgatcaaggcttcagtgaactgcactggagc
tcccagcggggggatcttgtcccctgtcccgacttttgtgctgcacattggatctggt
gacactcaggaaatgcttgtctccggctgttaaggaataatttcagagtactatgg
atcatgctgaagaaaatgaaatccttgcagcaacccagaggtactatgtggaaa
ggcctatctttagtcatccggtcctccaggaaagactacacacaaaggacaag
gttcctgattccattgcggataagctgaaacaggcattcacatgtactcctaaaaa
aataagaaatatcatttatatgttcctacccataactaaatggctgccagcatacaa
attcaaggaatatgtgttgggtgacttggtctcaggcataagcacaggggtgcttc
agcttcctcaaggtcctttgctgttattagcctgatgattggtggtgtagctgttcgat
tagtaccagatgatatagtcattccaggaggagtaaatgcaaccaatggcacag
aggccagagatgccttgagagtgaaagtcgccatgtctgtgaccttactttcagg
aatcattcagttttgcctaggtgtctgtaggtttggatttgtggccatatatctcacaga
gcctctggtccgtgggtttaccaccgcagcagctgtgcatgtcttcacctccatgtt
aaaatatctgtttggagttaaaacaaagcggtacagtggaatcttttccgtggtgta
tgcgtcgggctgatggtttttggtttgctgttgggtggcaaggagtttaatgagagat
ttaaagagaaattgccggcgcctattcctttagagttctttgcggtcgtaatgggaa
ctggcatttcagctgggtttaacttgaaagaatcatacaatgtggatgtcgttggaa
cacttcctctagggctgctacctccagccaatccggacaccagcctcttccacct

tgtgtacgtagatgccattgccatagccatcgttggattttcagtgaccatctccatg

gccaagaccttagcaaataaacatggctaccaggttgacggcaatcaggagct

cattgccctgggactgtgcaattccattggctcactcttccagaccttttcaatttcat

gctccttgtctcgaagccttgttcaggagggaaccggtgggaagacacagcttg

caggttgtttggcctcattaatgattctgctggtcatattagcaactggattcctctttg

aatcattgccccaggctgtgctgtcggccattgtgattgtcaacctgaagggaatg

tttatgcagttctcagatctccccttttctggagaaccagcaaaatagagctgacc

atctggcttaccatttttgtgtcctccttgttcctgggattggactatggtttgatcactg

ctgtgatcattgctctgctgactgtgatttacagaacacagaggtgagtgcccaga

ttggaatgggtgtgaatgtcccggcagagatgacaatgttgactttaggtgtagac

caaagtttaagttggtagaagtggagccctttgatgatttctagttagcgtgagagg

gagctataacactcatgtagcctgttgactagatgaacaaaatgccaatttaaaaa

ttccatataattttgccaaatgctcttctatgtcacaatttatgctcccatcaatggttat

gttaaaagagcctaatttccatcattgtttctgccattcctggtctagtgctatgctggt

ttatttatcctcttgtgatttgttttggcaccaagtactgacatgagcttcaatgacatga

agcaaactctgacaccaagttatcgtatgcattccttccactgtcatttcctccacc

ctgaaccactttcccttgttatctcttctccctagtgggaagctgagcccactaggg

aaagtat

生命科学家最近才开始解析如 *prestin* 这类基因的特征和功能。进化生物学是一个全新的领域，它可以让我们深入理解不同物种特征形成的遗传过程，因此需要更多的参与和关注。有观点认为，虽然进化生物学很重要，但不是进化理论的核心，生物学家很早就认识到发育的重要性，大众对此的热情过于高涨了。对此我不敢苟同。进化生物学的出现是一个里程碑，它令人振奋，也将帮助我们更深入地了解我们祖先的进化。传统进化研究领域（物种化石研究）的领军人物西蒙·C.莫里斯（Simon C. Morris）在意识到"不朽的基因"的存在后，认为：很多关键基因或基因家族在所有动物中都存在，通过比较物种间的遗传发育我们知道，虽然不同动物门类之间的差别就像橘子和苹果的差别，但是从根本上来说，它们是类似的。❶

即使有时候进化生物学的研究结果在经过大众解读后显得有些匪夷所思，但我是可以接受的。进化生物学不是对生物科学的颠覆，它不完全是生物学，但对我们理解进化非常重要。

互惠与协同进化

生物学家知道没有任何物种是凭空产生的，所有的生命形式和其他物种之间都有重要的相互作用。比如，斑马群体会受到作为主要食物来源的草的特征所影响，而草又受其他食草物种、寄生虫或者天气等因素影响。任何物种都会和其他物种产生联系，它们之间的相互作用，如寄生（一方获益，另一方受害）、共生（双方获益）或其他作用，都是非常重要的。加州圣克鲁斯生态学家约翰·N.汤普森（John N. Thompson）在题为《种间关系的进化》的文章中将协同进化定义为"物种在进化过程中存在交互作用，共同进化"，同时指出其重要性：

---

❶ 参见论文 *Explaining the Cambrian 'Explosion' of Animals*，发表于 *Annual Review of Earth and Planetary Sciences* 杂志，2006 年第 34 卷，p355—384，作者：C.R. 马歇尔（C. R.Marshall）。

大多数的生命都进化出了一种方式，其生存和繁殖必须结合利用自身和其他物种的遗传机制……我们现在确信协同进化例子的存在，如：（a）自由生活的物种（丝兰和丝兰蛾）之间建立的义务互惠关系；（b）在相互竞争的鱼类、蜥蜴、哺乳动物和其他物种之间造成的特征差异；（c）区域匹配植物的化学防御和昆虫的破防机制；（d）寄生虫和宿主遗传多样性的维持。❶

　　还有很多问题需要思考。当我们在公园里看到一只鸟，想一下，有什么物种会和它一起协同进化？

　　图 14 显示了寄居蟹和海葵的密切关系。有一些种类的寄居蟹，将年幼的海葵从海床拔起，放在自己的腹部，附着的海葵可以在寄居蟹捕食时吃到漂浮的食物碎片。而海葵厚而肉质的触手会包裹住寄居蟹脆弱的背部，给它提供了一个防御性的外壳（A）。这两个物种不是独自进化的，而是协同进化。

　　另一个例子，大约有 2 000 种细菌在我们的肠道里或其他

❶　参见论文 *The Evolution of Species Interactions*，发表于《科学》，1999 年第 284 卷，p2116—2118，作者：J.N. 汤普森（J.N.Thompson）。还可参见 J.N. 汤普森和 S. L. 纽斯默（S. L. Nuismer）撰写的 *Coevolution and Maladaptation*，发表于 *Integrative and Comparative Biology* 杂志，2002 年第 42 卷，p381—387，该论文指出了共进化在进化中的重要性。再推荐一篇经典的综述 *The Evolutionary Interaction among Species: Selection, Escalation, and Coevolution*，发表于 *Annual Review of Ecology and Systematics* 杂志，1994 年第 25 卷，p219—236，作者：G. J. 韦尔梅伊（G. J. Vermeij）。

图 14　共生

部位生存繁衍，它们和人类是共存的。还有类似的例子，枪乌贼利用光来躲避捕食者，吸引交配对象，在它们的皮肤内共生着大量可进行生物发光的微生物。❶

我们再来看看其他例子。白蚁以木头为食，但它自身无法消化吸收木头中的主要成分（纤维素），必须依靠其肠道内的微生物来解决这一问题。最先进化形成的吃纤维素的动物并没有发展出可以降解纤维素的基因，而是通过适应为微生物提供了一个更好的环境（肠道）去消化纤维素。❷

这些吃纤维素的动物是否通过适应为微生物提供了更好的环境来帮助它降解纤维素？我们没有任何证据证明它们是主动这样做的。显而易见，复制和变异能够产生大量具有不同肠道环境的白蚁，其中有些白蚁的肠道恰好能够提供一个好的降解纤维素的环境，于是辅助微生物就在肠道中出现了。因为这些微生物是有利于白蚁生存的，所以决定这种友好肠道环境的基因便得以大量复制，以至于如今这种基因普遍存在于所有的白蚁体内。随着时间的推移，白蚁的肠道环境有倾向性地选择那些可以帮助降解纤维素的微生物，现在这两个物种——白蚁和纤维素降解者（微生物）的关系不仅仅是共

❶ 参见 *Acquiring Genomes: A Theory of the Origins of Species*，p176—179。

❷ 参见论文 *Role of Microorganisms in the Evolution of Animals and Plants: The Hologenome Theory of Evolution*，发表于 *FEMS Microbiology Review* 杂志，2008 年第 32 卷，p723—735，作者：I. 齐尔伯-罗森堡（I. Zillber-Rosenberg）和 E. 罗森堡（E. Rosenberg）。

生，而且还协同进化。❶

有生物学家以为理解物种间相互作用的最终概念是共生总基因组，并认为共生总体（动植物及其相关的微生物）是进化选择过程中的一个基本单位。❷鉴于上述观点，所有动植物都和微生物建立共生关系，这种关系根深蒂固，对于相互作用物种的生存是必须的。它们无法被分开，因此也无法尝试单独理解这些生命。比如，实验室中的小鼠长期饲养在无菌条件下，它们具有相对较差的健康状况以及食物消化能力，对感染的抵抗能力也较弱，而野生小鼠能够和微生物（帮助食物消化等）共生，情况就好很多。

对于这种相互作用，我们了解得还不够。恩斯特·迈尔在2002年写道："很多物种和其他物种一起进化，两个基因组完全不同的生命形成了联盟，生态学家对这种关系的研究才刚刚开始。"❸

将水平基因转移、基因组以及协同进化的发现结合起来，我们意识到协同进化的概念在生物研究中一直被忽略了。微生物学家林恩·马古利斯提出了一个全新的物种起源理论，他认为：物种发生通常不是由生殖隔离或本书中提到的其他因素导致的，

---

❶ 关于共生的深入介绍参见 *The Symbiotic Habit*，A.E. 道格拉斯（A.E.Douglas）著（新泽西州普林斯顿：普林斯顿出版社，2010 年出版）。

❷ 参见论文 *Role of Microorganisms in the Evolution of Animals and Plants*，p723。

❸ 参见 *Acquiring Genomes: A Theory of the Origins of Species* 中，由恩斯特·迈尔写的序言。

而是一个物种从其他物种中获得了大量的外源 DNA，这才是"物种进化的动力"。[1] 在她和多里昂·萨根合著的新书 *Acquiring Genomes: A Theory of the Origins of Species* 中，对这一观点进行了引人入胜和激动人心的论述。我会把它推荐给对新的进化观点感兴趣的人，至少它从另一个角度描述了进化的发生。但是请注意，马古利斯并没有摆脱增殖、变异和选择这一基本概念，这些都是马古利斯接受的科学事实。事实无法辩驳，其衍生的结论也是如此，即新生命是由古老生命进化而来。

上述例子提示我们，生命的世界极其复杂。当试图去理解一种生命时，我们需要知道它的 DNA、生命发育过程、寄生和共生体、反应行为模式，以及解剖特征的变化范围。我们还需要了解它的选择生存环境、生态位和所处生态系统的变化，当然还包括它的进化史、化学成分，以及是否从其他物种中获取过遗传基因。

接下来怎么办

综合以上观点，我们思考一下：达尔文进化论留下了什么？它被推翻了吗？并没有。留下来的是其核心，这非常重要。即使如林恩·马古利斯和唐纳德·I. 威廉森（Donald I. Williamson）这样的生物学家（他们都提出过全新的进化理论），依然认可达尔文理论的核心——增殖、变异和选择。威廉森对进化论提出过激进的意见，他说道："我不认为幼虫转移理论是

---

[1] 参见 *Acquiring Genomes: A Theory of the Origins of Species*，p2。

自然选择的代替。成虫和幼虫是逐渐进化的（达尔文认为是优雅的、慢慢变化的），但是在这个过程中，整个基因组是通过杂交转移的（从一种生命到另一种生命）。" ❶

即使有了这些全新的知识，有了新的生物学研究，我们看到的依然是原有进化理论的修改和补充，而不是对原来核心理论的摒弃。在进一步的分子层面，我们仅仅能够感觉到有一些事件正在发生，但是它们也没有推翻我们对达尔文进化理论的理解。

尤金·V. 库宁在 2009 年发表了一篇文章，回顾了"前基因组"和"后基因组"时代的生物研究，以下是他的一些观点：

·*变异是自然选择的重要组成部分吗？*

是的，但是我们必须牢记，突变的来源有很多，随机事件的发生比我们想象的少。

·*自然选择会产生越来越复杂的适应形式吗？*

在很多情况下是这样，但不一定，错误适应和灭绝很常见。由于存在一些变异的限制因素，基因组也不一定会越来越复杂。

·*进化是由小的变化为动力吗？*

---

❶ 参见 *Acquiring Genomes: A Theory of the Origins of Species*，p166。

不一定，许多进化过程发生的时间尺度很短，好比瓶颈阶段。当生物到达一个全新的栖息地环境时，物种形成也许会很快发生。

•进化的方式始终是相同的吗？

在某种程度上是这样的，因为都离不开增殖、变异和选择。但是，地球早期的生命进化和现在有所不同，我们必须考虑进化本身在那个年代也许就不一样。

•物种真的存在吗？

是也不是，显然有很多不同种类的生命，就像大象和仙人掌；另一方面，这些是基于 DNA 不同的生命形式。在无性生殖的物种中，物种的概念需要重新考虑，因为它们不仅从自身获得 DNA，还能从其他物种身上获取。正因为物种在不停地进化，而进化的重要特征就是变化，所以我们必须承认，物种间的区分在某种程度上会显得随意。❶

总结

显然，最近的生物学研究结果显示进化有多种模式。部分进化是拉马克式，部分是达尔文式，这些不同模式也许在不同

---

❶　参见 *The Origin at 150: Is a New Evolutionary Synthesis in Sight?*，p473—475，表 1。

的进化历史时期盛行。总之，进化论比本书中提及的简单的达尔文进化论要多得多，但这些理论都是对进化论的完善，而不是对其核心的否定。达尔文主义没有死，新的达尔文主义也没有消亡，进化论不仅仅是一个理论。在某种程度上，我们现在能够更好地理解进化的复杂性。

进化生物学的将来

约翰·邓普顿基金为一些研究重大科学问题的科学家提供大量的研究经费。最近，该基金发放了上千万美元经费，用于研究哈佛大学提出的"进化生物学的重大基础问题"，这些问题是在 2009 年纪念达尔文《物种起源》出版 150 周年时提出的。为了让大家了解这些研究对整个生物学发展的意义，这里列出了其中的一些问题：

· 从化学动力学到进化动力学的转变是什么？是否能够准确定义非进化体系到进化体系的转变？

· 为什么进化（有时）会导致逐渐递增的复杂性？

· 遗传进化和文明进化的区别是什么？如何确定这些差异？

· 我们能否建立精确的模型来研究细胞、多细胞生物、动物群体，以及人类语言的进化？ ❶

---

❶ 完全版可访问 http://www.fas.harvard.edu/~fqeb/questions/，还有很多其他的科学研究在解决同样有意义的问题。

有了这么多建设性的问题以及强大的新技术（如比较基因组学），科学盛宴即将开始。

回想本章介绍的不可思议的内容，生物学研究正在做什么？卡尔·乌斯认为，过多的基因组学研究集中在描述特定基因的功能上，他说道：

> 在过去几十年，因为分子生物学家沉醉于形而上学的还原论（过于注重基因本身而忽略了基因所处环境的影响），我们付出了巨大的代价。这会把研究对象从它的环境中抽离，从它的进化历史中隔离，让它变得支离破碎，整体的概念（整个细胞、整个个体、整个生物圈）将不复存在。达尔文将生物学看作一个纠缠的整体，它的所有因素都互相联系。我们的任务是重组生物学，将个体重新放回它的环境中，和它的进化历史联系在一起，感受个体、进化和环境结合以后的复杂效应。生物学飞速发展的时代即将来临。❶

乌斯担心太多的遗传学研究仅仅局限于希望控制基因，生物学研究不仅是让我们理解生命，还包括理解整个社会群体，他接着说道：

---

❶ 参见 *A New Biology for a New Century*，p179，由 8 位前沿科学家撰写的对于最近 10 年遗传基因组研究的综述参见 *Ten Years of Genetics and Genomics: What Have We Achieved and Where Are We Heading?*，发表于 *Nature Reviews Genetics* 杂志，2010 年，可访问 doi:10.1038/nrg2878，作者：E. 赫德（E. Heard）等。

一个允许生物学变成工程类学科的社会，会让科学发展演变成"改变世界而不必去理解它"的模式，这非常危险。现代社会亟须了解如何与生物圈和谐相处，今天，我们比以往任何时候都需要生物学的帮助和指引。工程类生物学研究也许能够告诉我们如何达成目标，但是它无法告诉我们目标究竟是什么。❶

---

❶　参见 *A New Biology for a New Century*，p173。

第九章　大幻影

对宇宙万物，海洋般的心灵

即刻能映现出它的同类对应；

但心灵还能超越物质现实，

创造出另外的海洋和陆地，

……

——安德鲁·马维尔:《花园》❶

---

❶　参见 *Andrew Marvell: The Complete Poems*，p101，E.S. 唐诺（E. S. Donno）编（伦敦：企鹅出版社，1972 年出版）。

尽管进化理论的核心极其简单，但仍遭到广泛的曲解和质疑。其中，许多敌意来自以人为宇宙核心的世界观，但我认为还有一个重要的原因。这个原因和我们的思维方式以及人类本身有很大关系。人类的精髓在于创造事物（和其他生物相比很特殊），这便令人类的思想和文化倾向于接受一个观点：复杂事物（植物和动物）只能是"主动积极创造的结果"。要理解其中的原因，我们需要探究人类思想的运作方式。

作为人类

　　人类学（对人类的科学研究）研究显示，"人"至少包含两层含义：首先是解剖现代性，指拥有和现代人一样的骨骼结构，我们最早在 10 万 ~20 万年前的非洲已经看到了这种现象；另一层含义是行为现代性，指在行为表现上和现代人类无法区分，主要是指能够使用复杂的象征符号和近似现代的语言。关于这一点，很难通过考古学去探究，目前学界的共识是大约在 8 000 年前的非洲最早出现了人为的象征符号。[1] 本书主要介绍的是行为现代性对人类精神和思维方式的影响，以及为什么我们的思维方式使进化论很难被接受。

---

[1]　最早被考古学家广泛认可的象征性人工产物是在南非布隆伯斯洞穴内发现的几何形状的切割石头，形成于 75 000 年前。参见论文 *Emergence of Modern Human Behavior: Middle Stone Age Engravings from South Africa*，发表于《科学》，2002 年第 295 卷第 5558 期，p1278—1280，作者：C.S. 亨希尔伍德（C. S. Henshilwood）。

前摄反应、事后反应及创造的诞生

　　行为现代性根植于设计和创造。当一些非人生物在制造和使用工具时，人类已经可以依靠创造事物来生存了，如极地鱼叉或抗生素药片。

　　进化没有前瞻性，非人生物子代的身体或多或少与亲代相似，因此也多多少少适应亲代生活的环境。如果当前环境和亲代的环境有所不同，那些子代对此是无能为力的。它们当然无法快速地改变自己的身体去适应新的环境，虽然进化早就发生了。我们看到的是，它们的身体可以做出相应改变以应对环境因子，但这种反应是无意识的，所以说它是事后反应，不是前摄反应。

　　可人类进化完全不同。人类的绝招独一无二，即能够创造适应性来应对环境的选择性压力。正因为如此，现代人类的行为很多是前摄反应，而不仅仅是事后反应。上述创造可以是具体事物，比如一双保暖靴；也可以是复杂的行为，比如一段象征性舞蹈，提醒人们捕猎特殊动物时的技巧。创造了什么并不重要，重要的是人类在依靠思维进行创造。人类能够意识到一个问题，并针对这个问题创造出解决方案。"我们这么做不仅仅是为了娱乐，人类的生死存亡与我们适应不断变化的选择性压力的能力息息相关。这也逐渐让人类的行为不再受制于自身身体的局限性。"古生物学家大卫·皮尔比姆如此总结道。❶

---

❶　参见 T. 赤泽（T. Akazawa）、K. 沧木（K. Aoki）和 O. 巴尔–优素福（O. Bar-Yosef）编著的 *Neanderthals and Modern Humans in Western Asia*（纽约：Plenum Press 出版社，1998 年出版），p523—537，由大卫·皮尔比姆（David Pilbeam）撰写的后记。

创造是人类进化中最重要的概念之一，因为标志着人类终极适应能力的前提是创造的诞生。创造适应或变异来增加自身对环境压力的顺应，意味着我们无须等待生物学的变异来适应环境的变化。这让人类能够快速地适应新的环境，而不是在进化的时间尺度上去完成这一改变。这种前摄适应在 200 万年前就开始了，比如利用石头工具来完成我们普通肉体无法完成的工作。如今，我们的生活在更大程度上依赖于我们创造的工具。澳大利亚土著人在生活中会用到许多石器和木器，同时，如果没有人类创造的系统工具来提供水和食物，即便是世界上最大的城市也会很快崩溃。

　　由于我们会有意识地制造和使用事物，所以当我们意识到花生黄油果酱三明治不会自己组装（需要有意识地把它们搭配），世界上其他复杂事物（至少类似三明治复杂程度）也同样需要有意识地组装时，教化便随之产生了。橡子、鲟鱼、猫头鹰或是病毒，在我们看来每一种生命都是经过精心设计的，一定都是有意识的创造。对此，人类思考了很长一段时间，因为一直以来，人类都是在创造事物用以实现特定的目的。

　　除了上述的创造工具，任何复杂事物都是有意识的设计创造，这种先入为主观念的形成还有第二个原因。在人类的生存创造以外，还存在着复杂的交流系统——我们称之为语言，这也是衡量人类的另一个重要标准。当比较人类和其他动物的交流时，我们发现复杂的人类语言具有独特的前摄性，人类语言的使用是一个极具创造性的过程。

特氟龙、尼龙搭扣和现代人的思维

人类的语言是一个复杂的交流系统，虽然其他动物之间也有交流，但人类在大量信息交互的过程中运用了许多复杂的规则来保证交流的精细性、高速性和准确性。图 15 显示了人类和动物的身体姿势交流。我们可以看到狗（A）用明显不同的体态来表示攻击和顺从，大象（B）则通过拍打耳朵和用鼻子触碰前额来传达类似的激发状态。而人类在使用身体语言时非常精细，（C）是 19 世纪的画家手稿，描绘了人们举杯的不同方式以及不同社会层级的身体语言。虽然人类也和其他动物一样进行交流，但人类语言中最有特色的是其复杂的规则（语法）和象征的性质，正是它们促进了创造和发明。

非人灵长类动物交流时会使用极其简单的象征方法，当猴子发出预示"空中掠食者"的尖叫声或"地面捕食者"的吼声时，同伴会根据不同的声音采取适当的防御措施。这些不同的声音就是象征性的表达，它们是主观产生的，代表了不同的意义，一种表示空中掠食者，另一种表示地面捕食者。这些交流非常简单，笔者将猴子使用的简单的象征方式比作"特氟龙"（一种绝缘材料——译者注），即表示没有任何东西和它有关联，预示"空中掠食者"的尖叫只代表了空中的掠食者，仅此而已。这些符号和象征意义的比例是 1 ∶ 1。❶

---

❶ 参见论文 *Social andNon-Social Knowledge in Vervet Monkeys*，发表于 *Philosophical Transactions of the Royal Society B* 杂志，1985 年第 308 卷，p187—201，作者：D. L. 切尼（D. L. Cheney）和 R.M. 西法思（R.M. Seyfarth）。

图 15　人类和动物的身体姿势交流

而人类之间的交流则完全不同，我们会把"概念"联系在一起，形成更加复杂的讯息，就好比"尼龙搭扣"的象征意义，即一个象征符号和另一个象征符号粘在一起。比如我们会说："小心那个人，他是一条蛇。"在人类语言中，符号和象征意义的比例是 1 : n，我们可以选择任意词汇来表达不同含义。"蛇"同时可以被用来形容一个人的特点。在人类思维的进化过程中，我们打破某种束缚，使符号不再具体地彼此依附，而是具有多种变化。❶

这种类似"尼龙搭扣"的复杂语言系统有什么优势呢？至少，它可以让个体（或小组）更好地适应周围世界。对象征快速落地（空中掠食者）或迅速爬高（地面捕食者）的叫声的盲从反应也许是浪费时间或没有必要。根据更微妙的信息采取更特异的反应代表着更好的应对措施。此外，人类语言系统日益增长的复杂性能够让更多信息更快速（具体）地在人际间交流。

在人类的思维发展过程中，"尼龙搭扣"式的思维方式使符

---

❶ 精神（大脑的作用）是如何进化形成的（随时间推移从古代转变为现代形态），是一个有意思的问题，但在本书中无法深入讨论。E.N. 扎尔塔（E.N. Zalta）在其编著的 *Stanford Encyclopedia of Philosophy* 一书中曾说道："也许没有什么比意识和我们对自我以及世界的体验更熟悉或更令人费解的了。"可访问 http://plato.stanford.edu/entries/consciousness/。梅林·唐纳德（Merlin Donald，1993年出版了 *Origins of the Modern Mind: Three Stages in the Evolution of Culture and Cognition*）和史蒂文·米森（Steven Mithen，1999 年出版了 *The Prehistory of the Mind*）在这个领域曾做出了重大贡献，对他们工作的总结参见论文 *Rise of the Modern Mind*，发表于 *Scientific American MIND* 杂志，2006 年 8 月，p73—79，作者：C.M. 史密斯（C. M. Smith）。

号和象征意义的比例为 1：n，理论上具有无限交流新概念的潜力。这种组合具有无穷的能量，会产生令人震惊的结果，它使得曾经懵懂的双足灵长类动物，如今正高效地"驾驶"着这个星球。

神奇的是，人类交流过程中的微妙之处不是由日益严格的符号定义的。通过联系象征符号创造更加微妙且意义显著的信息，才是人类语言发展的动力。例如，人类可以使用暗喻"那家伙就是一条蛇"，这句话混杂了非人生物（蛇）和社会思想领域（家伙）的信息。

"尼龙搭扣"象征的能力真正地将人类和其他动物区分开，这从 10 万年前人类开始有意识地创造事物（包括了语句）时便出现了端倪。因此，即便接收信息时需要解读别人真正的意图而不仅是靠分析字面含义，即便理解行为受另一方有意创造的知识影响，但本身也是主动创造，而这恰恰是人类认知的核心。[1]

从所谓的行为现代性出现开始，人类一直以来都是以目的和联系创造为生，有时会前摄性地创造解决方案，我们重视前摄、计划和制造。

---

[1] 主动创造是人类认知的核心，这一概念不是笔者原创的，而是从很多著作、网站及论文中得到的启发，包括：*The Beer Can Theory of Creativity*，L. 加博拉（L. Gabora）著（2000 年出版）；http://cogprints.org/4768/；L. 加博拉的著作 *Closure: Emergent Organizations and Their Dynamics* 中 *Conceptual Closure: Weaving Memories into an Interconnected Worldview* 这一章节内容，以及 G. 范·德·费韦（G. Van de Vijver）和 J. 钱德勒（J. Chandler）编著的 *Annals of the New York Academy of Sciences 901*，p42—53。

创造力和对进化的理解

　　创造、制作、发明、建设、想象，从石器发展到诗歌的一切行为都是人类的前摄行为。人类的神话充满了创造，我们崇拜杰出的创造者。只要有能将各种想法和词汇以新的组合方式结合在一起的思维方式，人类的创造便永无止境。创造力正是人性的核心。

　　这就是大众难以接受进化不是前摄性的原因。但当我们理解动物的进化不是一个创造性的事物，而是在三个独立的、真实的和可观察的过程（生命的增殖、子代的变异和子代的选择）之后完全无目的性的结果时，我们便能更深刻地理解自然世界是如何运转的，所有这些奇妙的黏菌、桦树、金星捕蝇草和水母以及其他的一切生命是如何产生的。

延伸阅读

Abrams, M. D. "Genotypic and Phenotypic Variation as Stress Adaptations in Temperate Tree Species: A Review of Several Case Studies," *Tree Physi- ology* 14, no. 7 (1994): 833–42.

Albertson, R. C., J. T. Streelman, and T. D. Kocher. "Genetic Basis of Adaptive Shape Differences in the Cichlid Head." *Journal of Heredity* 94, no. 4 (2003): 291–301.

Argawal, A. A. "Phenotypic Plasticity in the Interactions and Evolution of Species." *Science* 294 (2001): 321–26.

Arnold, S. J. "Constraints on Phenotypic Evolution." *American Naturalist* 140, Supplement 1 (1992): S85–S107.

Ashburner, M. "Speculations on the Subject of Alcohol Dehydrogenase and Its Properties in *Drosophila* and Other Flies." *BioEssays* 20 (1998): 949–54.

Aspinwall, N. "Genetic Analysis of North American Populations of the Pink Salmon, *Oncorhyncus gorbuscha*, Possible Evidence for the Neutral Mutation-Random Drift Hypothesis." *Evolution* 28 (1974): 295–305.

Ayala, F. J. *Population and Evolutionary Genetics: A Primer.* Menlo Park, CA: Benjamin Cummings, 1982.

Ayala, F., and M. Coluzzi. "Chromosome Speciation: Humans,

Drosophila, and Mosquitos." In *Systematics and the Origin of Species: On Ernst Mayr's 100th Anniversary*, edited by J. Hey, W. M. Fitch, and F. Ayala, 46–68. Washington, DC: National Academies Press, 2005.

Babcock, R. C., C. N. Mundy, and D. Whitehead. "Sperm Diffusion Models and In Situ Confirmation of Long-Distance Fertilization in the Free- Spawning Asteroid *Acanthaster planci*." *Biological Bulletin* 186, no. 1 (1994): 17–28.

Baltosser, W. H. "Nectar Availability and Habitat Selection by Hummingbirds in Guadalupe Canyon." *Wilson Bulletin* 101, no. 4 (1989): 559–78.

Baltzer, F. *Theodor Boveri Life and Work of a Great Biologist.* Translated from the German by Dorothea Rudnick. Berkeley: University of California Press, 1967.

Bakker, E. *An Island Called California.* Berkeley: University of California Press, 1984.

Bapteste, E., and Y. Boucher. "Lateral Gene Transfer Challenges Principles of Microbial Systematics." *Trends in Microbiology* 16, no. 5 (2008): 200–207. Bapteste, E., Y. Boucher, J. Leigh, and W. F. Doolittle. "Phylogenetic Recon- struction and Lateral Gene Transfer." *Trends in Microbiology* 12, no. 9 (2004): 406–11.

Barluenga, M., K. N. Stölting, W. Salzburger, M. Muschick, and A. Meyer. "Sympatric Speciations in Nicaraguan Crater Lake Cichlid Fish." *Nature* 439 (2006): 719–23.

Barraclough, T. G., and S. Nee. "Phylogenetics and Speciation." *TRENDS in Ecology and Evolution* 16, no. 7 (2001): 391–99.

Beebe, W. "Notes on the Hercules Beetle *Dynastes Hercules* (Linn.), at Rancho Grande, Venezuela, with Special Reference to Combat Behavior." *Zoo- logica* 32 (1947): 109–16.

Bersaglieri, T., P. C. Sabeti, N. Patterson, T. Vanderploeg, S. F.

Schaffner, J. A. Drake, M. Rhodes, D. E. Reich, and J. N. Hirschhorn. "Genetic Signatures of Strong Recent Positive Selection at the Lactase Gene." *American Journal of Human Genetics* 74, no. 6 (2004): 111–20.

Blows, M. W., and A. A. Hoffman. "A Reassessment of Genetic Limits to Evo- lutionary Change." *Ecology* 86, no. 6 (2005): 1371–84.

Boughman, J. W. "Divergent Sexual Selection Enhances Reproductive Isola- tion in Sticklebacks." *Nature* 411 (2001): 944–48.

Bowler, P. J. *Evolution: The History of an Idea*. 4th ed. Berkeley: University of California Press, 1989.

Bromham, L., and D. Penny. "The Modern Molecular Clock." *Nature Reviews Genetics* 4, no. 3 (2003): 216–24.

Brothwell, D., and P. Brothwell. *Food in Antiquity: A Survey of the Diet of Early Peoples*. Baltimore: Johns Hopkins University Press, 1969.

Brown, J. R. "Ancient Horizontal Gene Transfer." *Nature Reviews Genetics* 4 (2003): 121–32.

Bruni, L. E. "Gregory Bateson's Relevance to Current Molecular Biology." In *A Legacy for Living Systems: Gregory Bateson as Precursor to Biosemiotics*. Vol. 2, edited by J. P. Hoffmeyer, 93–119. New York: Springer, 2008.

Byrne, K., and R. A. Nichols. "*Culex pipiens* in London Underground Tunnels: Differentiation between Surface and Subterranean Populations." *Heredity* 82 (1999): 7–15.

Cahill, T. *How the Irish Saved Civilization*. Hinges of History Series, vol. 1. New York: Anchor Books, 1996.

Carroll, S. B. "Endless Forms: The Evolution of Gene Regulation and Mor- phological Diversity." *Cell* 101 (2000): 577–80.

———. *Endless Forms Most Beautiful: The New Science of Evo-Devo and the Making of the Animal Kingdom*. New York: W. W. Norton, 2005.

————. "Evo-Devo and an Expanding Evolutionary Synthesis: A Genetic Theory of Morphological Evolution." *Cell* 134 (2005): 25–36.

Carson, H. L., and A. R. Templeton. "Genetic Revolutions in Relation to Spe- ciation Phenomena: The Founding of New Populations." *Annual Review of Ecology and Systematics* 15 (1984): 97–131.

Chai, P., and D. Millard. "Flight and Size Constraints: Hovering Performance of Large Hummingbirds under Maximal Loading." *Journal of Experi- mental Biology* 200 (1997): 2757–63.

Cheney, D. L., and R. M. Seyfarth. "Social and Non-Social Knowledge in Vervet Monkeys." *Philosophical Transactions of the Royal Society B* 308 (1985): 187–201.

Clutton-Brock, T. "Sexual Selection in Females." *Animal Behavior* 77, no. 1 (2009): 3–11.

————. "Sexual Selection in Males and Females." *Science* 318 (2007): 1882–85. Costerton, J. W. "Cystic Fibrosis Pathogenesis and the Role of Biofilms in Per- sistent Infection." *Trends in Microbiology* 9, no. 2 (2001): 50–52.

Coyne, J. A., and H. A. Orr. *Speciation*. Sunderland, MA: Sinauer, 2004. Crespi, B. J. "The Evolution of Social Behavior in Microorganisms." *Trends in Ecology and Evolution* 16, no. 4 (2001): 178–83.

————. "Species Selection." In *Encyclopedia of the Life Sciences*. Vol. 17. London: Nature Publishing Group, 2002.

Crick, F. *What Mad Pursuit*. New York: Basic Books, 1990.

Crick, F. H. C., and J. D. Watson. "The Complementary Structure of Deoxyri- bonucleic Acid." *Proceedings of the Royal Society of London* A 223, no. 1152 (1954): 80–96.

Dalrymple, G. B. *The Age of the Earth*. Stanford, CA: Stanford University Press, 1991.

Dawkins, R. *The Extended Phenotype: The Gene as the Unit of Selection*. San Francisco: W. H. Freeman, 1982.

———. *The Selfish Gene*. Oxford: Oxford University Press, 1976.

———. "Universal Darwinism." In *Evolution: From Molecules to Men*, edited by D. S. Bendall, 403–25. Cambridge: Cambridge University Press, 1983. Dean, D. R. "The Age of the Earth Controversy." *Annals of Science* 38 (1981): 435–56.

de Queiroz, K. "Ernst Mayr and the Modern Concept of Species." *Proceedings of the National Academy of Sciences of the USA* 102. Supplement 1 (2005): 6600–6607.

———. "Ernst Mayr and the Modern Concept of Species." In *Systematics and the Origin of Species: On Ernst Mayr's 100th Anniversary*, edited by J. Hey, W. M. Fitch, and F. Ayala, 243–66. Washington, DC: National Academies Press, 2005.

DeSalle, R., J. Gatesy, W. Wheeler, and D. Grimaldi. "DNA Sequences from a Fossil Termite in Oligo-Miocene Amber and Their Phylogenetic Implica- tions." *Science* 257 (1992): 1933–36.

DeVantier, L. M. "Rafting of Tropical Marine Organisms on Buoyant Coralla." *Marine Ecology Progress*. Series 86 (1992): 301–2.

Dewitt, T. J., and S. M. Scheiner. *Phenotypic Plasticity: Functional and Concep- tual Approaches*. Oxford: Oxford University Press, 2004.

Dodd, K. C. *North American Box Turtles: A Natural History*. Norman: Uni- versity of Oklahoma Press, 2002.

Donald, M. *Origins of the Modern Mind: Three Stages in the Evolution of Cul- ture and Cognition*. Cambridge, MA: Harvard University Press, 1991.

Doolan, S. P., and D. W. MacDonald. "Breeding and Juvenile Survival among Slender-Tailed Meerkats (*Suricata suricatta*) in the South-Western Kala- hari: Ecological and Social Influences." *Journal of*

Zoology 242 (1997): 309–27.

Douglas, A. E. *The Symbiotic Habit*. Princeton, NJ: Princeton University Press, 2010.

Edelman, G. *Bright Air, Brilliant Fire: On the Matter of the Mind*. New York: Basic Books, 1993.

Eldredge, N. "Cretaceous Meteor Showers, the Human Ecological "Niche," and the Sixth Extinction." In *Extinctions in Near Time: Causes, Contexts, and Consequences*, edited by R. D. E. MacPhee, 1–14. New York: Kluwer Academic/Plenum, 1999.

———. "Evolutionary Tempos and Modes: A Palaeontological Perspective." In *What Darwin Began: Modern Darwinian and Non-Darwinian Perspec- tives on Evolution*, edited by L. R. Godfrey, 113–17. Boston: Allyn & Bacon, 1985.

Elmer, K. R., C. Reggio, T. Wirth, E. Verheyen, W. Salzburger, and A. Meyer. "Pleistocene Desiccation in East Africa Bottlenecked but Did Not Extir- pate the Adaptive Radiation of Lake Victoria Haplochromine Cichlid Fishes." *Proceedings of the National Academy of Sciences* (USA) 106, no. 32 (2009): 13404–9.

Endler, J. A. *Natural Selection in the Wild*. Princeton, NJ: Princeton University Press, 1986.

Fernald, R. D. "Casting a Genetic Light on the Evolution of Eyes." *Science* 313 (2006): 1914–18.

Feulner, P. G. D., M. Plath, J. Engelmann, F. Kirschbaum, and R. Tiedemann. "Electrifying Love: Electric Fish Use Species-Specific Discharge for Mate Recognition." *Biology Letters* 5, no. 2 (2009): 225–28.

Frankham, R. "Do Island Populations Have Less Genetic Variation Than Mainland Populations?" *Heredity* 78 (1997): 311–27.

Frazer, N. B. "Sea Turtle Conservation and Halfway Technology."

Conserva- tion Biology 6, no. 2 (2003): 179–84.

Friedberg, E. C. "Mutation as a Phenotype." In *The Implicit Genome*, edited by L. H. Caporale, 39–56. Oxford: Oxford University Press, 2006. Friedberg, E. C., G. C. Walker, and W. Seide. *DNA Repair and Mutagenesis*. Washington, DC: ASM, 1995.

Futuyama, D. J., and G. C. Mayer. "Non-Allopatric Speciation in Animals." *Sys- tematic Zoology* 29, no. 3 (1980): 254–71.

Gabora, L. 2000. "Conceptual Closure: Weaving Memories into an Intercon- nected Worldview." In *Closure: Emergent Organizations and Their Dynamics*, edited by G. Van de Vijver and J. Chandler, 42–53. *Annals of the New York Academy of Sciences* 901 (2000).

Gal, R., and F. Libersat. "A Parasitoid Wasp Manipulates the Drive for Walking of Its Cockroach Prey." *Current Biology* 18 (2008): 877–82.

Galton, F. "Experiments in Pangenesis, by Breeding from Rabbits of a Pure Variety, Into Whose Circulation Blood Taken from Other Varieties Had Previously Been Transfused." *Proceedings of the Royal Society* XIX (1871): 393–410.

Geison, G. L. "Darwin and Heredity: The Evolution of His Hypothesis of Pan- genesis." *Journal of the History of Medicine and Allied Sciences* 24, no. 4 (1969): 365–411.

Gershwin, L.-A. "Clonal and Population Variation in Jellyfish Symmetry." *Journal of the Marine Biological Association of the United Kingdom* 79 (1999): 993–1000.

Gogarten, J. P., W. F. Doolitle, and J. G. Lawrence. "Prokaryotic Evolution in Light of Gene Transfer." *Molecular Biological Evolution* 19, no. 12 (2002): 2226–38.

Gogarten, J. P., and F. Townsend. "Horizontal Gene Transfer, Genome Inno- vation, and Evolution." *Nature Reviews Microbiology* 3 (2005): 679–87.

Gogarten, M. B., J. P. Gogarten, and L. Oldenzewski. *Horizontal Gene Transfer: Genomes in Flux*. New York: Humana Press, 2009.

Goldenfeld, N., and C. Woese. "Biology's Next Revolution." *Nature* 445 (2007): 369.

Gould, S. J. "The Disparity of the Burgess Shale Arthropod Fauna and the Limits of Cladistic Analysis." *Paleobiology* 17 (1991): 411–23.

Gould, S. J., and N. Eldredge, eds. *Genetics and the Origin of Species by Theo- dosius Dobzhansky*. Columbia Classics in Evolution Series. New York: Columbia University Press, 1982.

Gould, S. J., and R. C. Lewontin. "The Spandrels of San Marco and the Pan- glossian Paradigm: A Critique of the Adaptationist Programme." *Proceed- ings of the Royal Society of London* B 205 (1979): 581–98.

Grant, P. R., B. R. Grant, and K. Petren. "The Allopatric Phase of Speciation: The Sharpbeaked Ground Finch (*Geospiza difficilis*) on the Galapagos Islands." *Biological Journal of the Linnean Society* 69 (2000): 287–317.

Grantham, T. A. "Hierarchical Approaches to Macroevolution: Recent Work on Species Selection and the 'Effect Hypothesis.'" *Annual Review of Ecology and Systematics* 26 (1995): 301–21.

Green, R. E., J. Krause, A. W. Briggs, T. Maricic, U. Stenzel, M. Kircher, N. Pat- terson, H. Li, W. Zhai, M. Hsi-Yang Fritz, N. F. Hansen, E. Y. Durand, A.-S. Malaspinas, J. D. Jensen, T. Marques-Bonet, C. Alkan, K. Prüfer, M. Meyer, H. A. Burbano, J. M. Good, R. Schultz, A. Aximu-Petri, A. Butthof, B. Höber, B. Höffner, M. Siegemund, A. Weihmann, C. Nus- baum, E. S. Lander, C. Russ, N. Novod, J. Affourtit, M. Egholm, C. Verna, Rudan, D. Brajkovic, Z. Kucan, I. Gusic, V. B. Doronichev, L. V. Golo- vanova, C. Lalueza-Fox, M. de la Rasilla, J. Fortea, A. Rosas, R. W. Schmitz, P. L. F. Johnson, E. E. Eichler, D. Falush, E. Birney, J. C. Mullikin, Slatkin, R. Nielsen, J. Kelso, M. Lachmann, D. Reich, and S.

Pääbo. "A Draft Sequence of the Neandertal Genome." *Science* 328, no. 5979 (2010): 710–22.

Green, R. E., J. Krause, S. E. Ptak, A. W. Briggs, M. T. Ronan, J. F. Simons, L. Du, M. Egholm, J. M. Rothberg, M. Paunovic, and S. Pääbo. "Analysis of One Million Base Pairs of Neanderthal DNA." *Nature* 444 (2006): 330–36.

Grell, E. H., K. B. Jacobson, and J. B. Murphy. "Alterations of Genetic Material for Analysis of Alcohol Dehydrogenase Isozymes of *Drosophila melanogaster.*" *Annals of the New York Academy of Sciences* 151 (1968): 441–45.

Gross, M. R. "Disruptive Selection for Alternative Life Histories in Salmon." *Nature* 313 (1985): 47–48.

Guttman, B., A. Griffiths, D. Suzuki, and T. Cullis. *Genetics: A Beginner's Guide*. Oxford: Oneworld, 1982.

Hanlon, R. T. "Mating Systems and Sexual Selection in the Squid *Loligo*: How Might Commercial Fishing on Spawning Squids Affect Them?" *Cal- COFL Report* 39 (1998): 92–100.

Hansen, T. F., and D. Houle. "Evolvability, Stabilizing Selection, and the Problem of Stasis." In *Phenotypic Integration: Studying Ecology and the Evolution of Complex Phenotypes*, edited by M. Pigliucci and K. Preston, 130–50. Oxford: Oxford University Press, 2004.

Harshey, R. M. "Bacterial Motility on a Surface: Many Ways to a Common Goal." *Annual Review of Microbiology* 57 (2003): 249–73.

Hart, D., and R. W. Sussman. *Man the Hunted: Primates, Predators, and Human Evolution*. Boulder, CO: Westview Press, 2005.

Hatle, J. D., D. W. Borst, and S. A. Juliano. "Plasticity and Canalization in the Control of Reproduction in the Lubber Grasshopper." *Integrative Com- parative Biology* 43 (2003): 635–45.

Heard, E., S. Tishkoff, J. A. Todd, M. Vidal, G. P. Wagner, J. Want,

D. Weigel, and R. Young. "Ten Years of Genetics and Genomics: What Have We Achieved and Where Are We Heading?" *Nature Reviews Genetics* (2010) advance online publication. doi:10.1038/nrg2878. Accessed March 10, 2011.

Helmuth, B., R. R. Veit, and R. Holberton, "Long-Distance Dispersal of a Sub- antarctic Brooding Bivalve (*Gaimardia trapesina*) by Kelp-Rafting." *Marine Biology* 120 (1994): 421–26.

Henshilwood, C. S., F. d'Errioco, R. Yates, Z. Jacobs, C. Tribolo, G. A. T. Duller, N. Mercier, J. C. Sealy, H. Valladas, I. Watts, and A.G. Wintle. "Emergence of Modern Human Behavior: Middle Stone Age Engravings from South Africa." *Science* 295, no. 5558 (2002): 1278–80.

Herodotus, *The Histories*, Book II in *Herodotus*. English translation by A. D. Godley. Cambridge, MA: Harvard University Press, 1920.

Hey, J., W. M. Fitch, and F. Ayala, eds. *Systematics and the Origin of Species on Ernst Mayr's 100th Anniversary*. Washington, DC: National Academies Press, 2005.

Hodge, S. J., A. Manica, T. P. Flower, and T. H. Clutton-Brock. "Determinants of Reproductive Success in Dominant Female Meerkats." *Journal of Animal Ecology* 77 (2008): 92–102.

Holmes, R. *The Age of Wonder: How the Romantic Generation Discovered the Beauty and Terror of Science*. New York: Vintage Books, 2009.

Hori, M. "Frequency-Dependent Natural Selection in the Handedness of Scale-Eating Cichlid Fish." *Science* 260 (1993): 216–19.

Howard, J. C. "Why Didn't Darwin Discover Mendel's Laws?" *Journal of Biology* 8 (2008): 15.1–15.8.

Hull, D. "Individuality and Selection." *Annual Review of Ecology and System- atics* 11 (1980): 311–32.

Hurst, L. D. "Genetics and the Understanding of Selection." *Nature*

Reviews Genetics 10 (2009): 83–93.

Huxley, J. *Evolution: The Modern Synthesis.* London: Allen & Unwin, 1942. Huxley, T. H. *Darwiniana: Essays by Thomas Henry Huxley.* Vol. 2. London: Macmillan, 1863.

Irwin, D. E. "Song Variation in an Avian Ring Species." *Evolution* 54, no. 3 (2000): 998–1010.

———. "Speciation by Distance in a Ring Species." *Science* 307 (2005): 414–16.

Joikel, P., and F. J. Martinelli. "The Vortex Model of Coral Reef Biogeography." *Journal of Biogeography* 19 (1992): 449–58.

Jones, G., and E. C. Teeling. "The Evolution of Echolocation in Bats." *Trends in Ecology and Evolution* 21, no. 3 (2006): 149–56.

Keeling, P. J., and J. D. Palmer. "Horizontal Gene Transfer in Eukaryotic Evo- lution." *Nature Reviews Genetics* 9 (2008): 605–18.

Kehoe, A. "Modern Antievolutionism: The Scientific Creationists." In *What Darwin Began: Modern Darwinian and Non-Darwinian Perspectives on Evo- lution,* edited by L. R. Godfrey, 156–85. Boston: Allyn & Bacon, 1985.

Kerr, R. A. "Evolution: New Mammal Data Challenge Evolutionary Pulse Theory." *Science* 273, no. 5274 (1996): 431–32.

Kilias, G., S. N. Alahiotis, and M. Pelecanos. "A Multifactorial Genetic Inves- tigation of Speciation Theory Using *Drosophila melanogaster.*" *Evolution* 34, no. 4 (1980): 730–37.

Knowlton, N., J. L. Maté, H. M. Guzmán, R. Rowan, and J. Jara. "Direct Evi- dence for Reproductive Isolation among the Three Species of the *Montas- traea annularis* Complex in Central America (Panamá and Honduras)." *Marine Biology* 127, no. 4 (1997): 705–11.

Knowlton, N., L. A. Weigt, L. A. Solórzano, D. K. Mills, and E. Bermingham. "Divergence in Proteins, Mitochondrial DNA, and

Reproductive Com- patibility across the Isthmus of Panama." *Science* 260 (1993): 1629–32.

Kocher, T. D. "Adaptive Evolution and Explosive Speciation: The Cichlid Fish Model." *Nature Reviews Genetics* 5 (2004): 288–98.

Koonin, E. V. "Darwinian Evolution in the Light of Genomics." *Nucleic Acids Research* 37, no. 4 (2009): 1011–34.

———. "The Origin at 150: Is a New Evolutionary Synthesis in Sight?" *Trends in Genetics* 25, no. 11 (2009): 473–75.

Koonin, E. V., and Y. Boucher. "Is Evolution Darwinian or/and Lamarckian?" *Biology Direct* 4 (2009). doi:10.1186/1745-6150-4-42. Accessed March 10, 2011.

Kovacs, E. H., and I. S. Sas. "Cannibalistic Behaviour of *Epidalea* (Bufo) *viridis* Tadpoles in an Urban Breeding Habitat." *North-Western Journal of Zoology* 5, no. 1 (2009): 206–8.

Langerhans, R. B., M. E. Gifford, and E. O. Joseph. "Ecological Speciation in Gambusia Fishes." *Evolution* 61, no. 9 (2007): 2056–74.

Larsen, T. "Polar Bear Denning and Cub Production in Svalbard, Norway." *Journal of Wildlife Management* 49, no. 2 (1985): 320–26.

Latham, R. E., trans. and ed. *Lucretius: On the Nature of the Universe*. London: Penguin Books, 1982.

Leakey, R., and R. Lewin. *The Sixth Extinction: Biodiversity and Its Survival*. London: Weidenfeld & Nicolson, 1996.

Lessios, H. A. "The Great American Schism: Divergence of Marine Organisms after the Rise of the Central American Isthmus." *Annual Review of Ecology, Evolution, and Systematics* 39 (2008): 63–91.

Levins, R. *Evolution in Changing Environments*. Princeton, NJ: Princeton Uni- versity Press, 1968.

Lewin, R., and R. Foley. *Principles of Human Evolution*. London: Blackwell Science, 2004.

Li, Y., Z. Liu, P. Shi, and J. Zhang. "The Hearing Gene Prestin Unites Echolo- cating Bats and Whales." *Current Biology* 20, no. 2 (2008): R55–R56.

Logan, G. A., J. J. Boon, and G. Eglinton. "Structural Biopolymer Preservation in Miocene Leaf Fossils from the Clarkia Site, Northern Idaho." *Proceed- ings of the National Academy of Sciences USA* 90 (1993): 2246–50.

Lopez, B. "The Naturalist." *Orion* magazine. Autumn 2001. http:// www .orionmagazine.org/index.php/articles/article/91. Accessed March 10, 2011. Lovejoy, A. O. *The Great Chain of Being: A Study of the History of an Idea.* Cambridge, MA: Harvard University Press, 1936.

Maclean, I. *The Renaissance Notion of Women: A Study in the Fortunes of Scholasticism and Medical Science in European Intellectual Life.* New York: Cambridge University Press, 1980.

Macnab, R. "How Bacteria Assemble Flagella." *Annual Review of Microbiology* 57 (2003): 77–100.

MacPhee, R., and C. Flemming. "Requiem Aeternum: The Last Five Hundred Years of Mammalian Species Extinctions." In *Extinctions in Near Time: Causes, Contexts, and Consequences*, edited by R. D. E. MacPhee, 333–72. New York: Kluwer Academic/Plenum, 1999.

Madsen, P. T., M. Johnson, N. Aguilar de Soto, W. M. X. Zimmer, and P. Tyack. "Bisonar Performance of Foraging Beaked Whales (*Mesoplodon densirostris*)." *Journal of Experimental Biology* 208 (2005): 181–94.

Madsen, T., M. Olsson, H. Wittzell, B. Stille, A. Gullberg, R. Shine, S. Ander- sson, and H. Tegelström. "Population and Genetic Diversity in Sand Lizards (*Lacerta agilis*) and Adders (*Vipera berus*)." *Biological Conservation* 94 (2000): 257–62.

Malherbe, Y., A. Kamping, W. van Delden, and L. van de Zande.

"ADH Enzyme Activity and Adh Gene Expression in *Drosophila melanogaster* Lines Differentially Selected for Increased Alcohol Tolerance." *Journal of Evolutionary Biology* 18 (2005): 811–19.

Mallet, J. "A Species Definition for the Modern Synthesis." *Trends in Ecology and Evolution* 10 (1995): 294–99.

Margulis, L., and D. Sagan. *Acquiring Genomes: A Theory of the Origins of Species.* New York: Basic Books, 2002.

Marshall, C. R. "Explaining the Cambrian 'Explosion' of Animals." *Annual Review of Earth and Planetary Sciences* 34 (2006): 355–84.

May, R. M. "How Many Species?" *Philosophical Transactions of the Royal Society of London* B 330 (1990): 293–304.

Mayr, E. "What Is a Species and What Is Not?" *Philosophy of Science* 63 (1996): 262–77.

———. *What Makes Biology Unique? Considerations on the Autonomy of a Sci- entific Discipline.* Cambridge: Cambridge University Press, 2004.

Mayr, E., and Provine, W. B., eds. *The Evolutionary Synthesis: Perspectives on the Unification of Biology.* With a new preface by Ernst Mayr. Cambridge, MA: Harvard University Press, 1998.

McDonald, M. A. "Early African Pastoralism: View from Dakhleh Oasis (South Central Egypt)." *Journal of Anthropological Archaeology* 17, no. 2 (1998): 124–42.

McGraw, W. S., C. Cooke, and S. Shultz. "Primate Remains from African Crowned Eagle (*Stephanoaetus coronatus*) Nests in Ivory Coast's Tai Forest: Implications for Primate Predation and Early Hominid Taphonomy in South Africa." *American Journal of Physical Anthropology* 131 (2006): 151–65.

McKinnon, J. S., and H. D. Rundle. "Speciation in Nature: The Threespine Stickleback Model System." *TRENDS in Ecology &*

Evolution 17, no. 110 (2002): 480–88.

Melendez-Ackerman, E., D. R. Campbell, and N. M. Waser. "Hummingbird Behavior and Mechanisms of Selection on Flower Color in Ipomopsis." *Ecology* 78, no. 8 (1997): 2532–41.

Menotti-Raymond, M., and S. J. O'Brien. "Dating the Genetic Bottleneck of the African Cheetah." *Proceedings of the National Academy of Sciences* 90, no. 8 (1993): 3172–76.

Michod, R. E. *Darwinian Dynamics: Evolutionary Transitions in Fitness and Individuality.* Princeton, NJ: Princeton University Press, 1999.

Milton, J. *The Annotated Milton: Complete English Poems*, edited by B. Raffel. New York: Bantam, 1999.

Minkoff, E. C. *Evolutionary Biology.* Reading, MA: Addison-Wesley, 1983. Mithen, S. *The Prehistory of the Mind.* London: Thames and Hudson, 1999. Myers, G., I. Paulsen, and C. Fraser. "The Role of Mobile DNA in the Evolu- tion of Prokaryotic Genomes." In *The Implicit Genome*, edited by L. H. Caporale, 121–37. New York: Oxford University Press, 2006.

Nagata, N., K. Kubota, Y. Takami, and T. Sota. "Historical Divergence of Mechanical Isolation Agents in the Ground Beetle *Carabus arrowianus* as Revealed by Phylogeographical Analyses." *Molecular Ecology* 18, no. 7 (2009): 1408–21.

Nettle, D. "The Evolution of Personality Variation in Human and Other Ani- mals." *American Psychologist* 61, no. 6 (2006): 622–31.

Niemiller, M. J., B. J. Fitzpatrick, and B. T. Miller. "Recent Divergence with Gene Flow in Tennessee Cave Salamanders (*Plethodontidae: Gyrinophilus*) Inferred from Gene Genealogies." *Molecular Ecology* 17 (2008): 2258–75. Numbers, R. L. *Darwinism Comes to America.* Cambridge, MA: Harvard Uni- versity Press, 1998.

O'Brien, S. J., M. E. Roelke, L. Marker, A. Newman, C. A. Winkler, D. Meltzer, L. Colly, J. F. Evermann, M. Bush, and D. E. Wildt. "Genetic Basis for Species Vulnerability in the Cheetah." *Science* 227, no. 4693 (1985): 1428–34.

Oehser, P. H. "Louis Jean Pierre Vieillot (1748–1831)." *Auk* 65 (1948): 568–76.

Olby, R. *The Path to the Double Helix*. London: Dover, 1994.

Olsen, G. J., and C. Woese. "Archaeal Genomics: An Overview." *Cell* 89 (1997): 991–94.

Olson, E. N. "Gene Regulatory Networks in the Evolution and Development of the Heart." *Science* 313 (2006): 1922–27.

Pääbo, S. "Ancient DNA." In *DNA: Changing Science and Society*, edited by T. Krude, 68–87. Cambridge: Cambridge University Press, 2004.

Pagel, M. "Natural Selection 150 Years On." *Nature* 457 (2009): 808–11. Parjeko, K. "Embryology of *Chaoborus*-Induced Spines in *Daphnia pulex*." *Hydrobiologia* 231 (1992): 77–84.

Paul, J. H. "Microbial Gene Transfer: An Ecological Perspective." *Journal of Molecular Biotechnology* 1, no. 1 (1999): 45–50.

Paweletz, N. "Walther Flemming: Pioneer of Mitosis Research." *Nature Reviews Molecular Cell Biology* 2 (2001): 72–75.

Pennisi, E. "Changing a Fish's Bony Armor in the Wink of a Gene." *Science* 304 (2004): 1736–39.

Pierce, N. E., and P. S. Mead. "Parasitoids as Selective Agents in the Symbiosis between Lycaenid Butterfly Larvae and Ants." *Science* 211 (1981): 1185–87.

Pinto-Correia, C. *The Ovary and Eve: Egg and Sperm and Preformation*. Chicago: University of Chicago Press, 1998.

Porta, M. "The Genome Sequence Is a Jazz Score." *International*

Journal of Epi- demiology 32, no. 1 (2003): 29–31.

Porter, M. L., and K. A. Crandall. "Lost Along the Way: The Significance of Evolution in Reverse." *TRENDS in Ecology and Evolution* 18, no. 10 (2003): 541–47.

Portier, C., M. Festa-Bianchet, J.-M. Gaillard, J. T. Jorgenson, and N. G. Yoccoz. "Effects of Density and Weather on Survival of Bighorn Sheep Lambs (*Ovis canadensis*)." *Journal of Zoology* 245 (1998): 271–78.

Ramsey, J., H. D. Bradshaw Jr., and Schemske, D. W. "Components of Repro- ductive Isolation between the Monkeyflowers *Mimulus lewisii* and *M. car- dinali* (*Phrymaceae*)." *Evolution* 57 (2003): 1520–34.

Reuffler, C., T. J. Van Dooren, O. Leimar, and P. A. Abrams. "Disruptive Selec- tion and Then What?" *Trends in Ecology and Evolution* 21, no. 5 (2006): 238–45.

Reznick, D. A., H. Bryga, and J. A. Endler. "Experimentally Induced Life- History Evolution in a Natural Population." *Nature* 346 (1990): 357–59. Ridley, M. *Genome: The Autobiography of a Species in 23 Chapters*. New York: Harper Perennial, 2006.

Rose, M. R., and T. H. Oakley. "The New Biology: Beyond the Modern Syn- thesis." *Biology Direct* 2 (2007). doi:10.1186/1745-6150-2-30. Accessed March 10, 2011.

Roux, J., and M. Robinson-Rechavi. "Developmental Constraints on Verte- brate Genome Evolution." *PLoS Genet* 4 (12): e1000311. doi:10.1371/ journal.pgen.1000311. Accessed March 10, 2011.

Ruiz-Mirazo, K., J. Pereto, and A. Moreno. "A Universal Definition of Life: Autonomy and Open-Ended Evolution." *Origins of Life and Evolution of the Biosphere* 34 (2004): 323–46.

Rundle, H. D., L. H. Nagel, J. W. Boughman, and D. Schluter. "Natural Selec- tion and Parallel Sympatric Speciation in Sticklebacks."

Science 287 (2000): 306–7.

Sampson, J. A., and E. S. C. Weiner, eds. *Oxford English Dictionary*. Oxford: Clarendon Press, 1989.

Sato, A., H. Tichy, C. O'hUigin, P. R. Grant, B. R. Grant, and J. Klein. "On the Origin of Darwin's Finches." *Molecular Biology and Evolution* 18, no. 3 (2000): 299–311.

Savage, J. M. *Evolution*. 3rd ed. New York: Holt, Rinehart and Winston, 1977. Scott, E. *Evolution and Creationism*. Berkeley: University of California Press, 2008.

Schemske, D. W., and H. D. Bradshaw Jr. "Pollinator Preference and the Evo- lution of Floral Traits in Monkeyflowers (*Mimulus*)." *Proceedings of the National Academy of Sciences* (USA) 96 (2003): 11910–15.

Schilthuizen, M. *Frogs, Flies, and Dandelions—Speciation, The Origin of New Species*. Oxford: Oxford University Press, 2001.

Seehausen, O., J. J. M. van Alphen, and F. White. "Cichlid Fish Diversity Threatened by Eutrophication That Curbs Sexual Selection." *Science* 277 (1997): 1811.

Shapiro, M. D., M. E. Marks, C. L. Peichel, B. J. Blackman, K. S. Nereng, B. Jonsson, D. Schluter, and D. M. Kingsley. "Genetic and Developmental Basis of Evolutionary Pelvic Reduction in Threespine Sticklebacks." *Nature* 428 (2004): 717–23.

Shavit, A., and R. L. Millstein. "Group Selection Is Dead! Long Live Group Selection!" *BioScience* 58, no. 7 (2008): 574–75.

Shen, Y.-Y., J. Liu, D. M. Irwin, and Y.-P. Zhang. "Parallel and Convergent Evo- lution of the Dim-Light Vision Gene *RH1* in Bats (Order: Chiroptera)." *PLoS Biology* 15, no. 1 (2010). doi:10.1371/journal.pone.0008838. Accessed March 10, 2011.

Sherratt, A. "Cups That Cheered: The Introduction of Alcohol into

Prehis- toric Europe." In *Economy and Society in Prehistoric Europe: Changing Per- spectives,* edited by A. Sherratt, 376–402. Princeton, NJ: Princeton Uni- versity Press, 1997.

Silverstein, J. T., and W. K. Hershberger. "Genetic Parameters of Size Pre- and Post-Smoltification in Coho Salmon (*Oncorhynchus kisutch*)." *Aquaculture* 128, no. 1 (1994): 67–77.

Simpson, S. J., E. Despland, B. F. Hagele, and T. Dodgson. "Gregarious Behavior in Desert Locusts Is Evoked by Touching Their Back Legs." *Proceedings of the National Academy of Sciences* (USA) 98, no. 7 (2001): 3895–97.

Smith, C. M. "Rise of the Modern Mind." *Scientific American MIND* (August 2006): 73–79.

Smith, C. M., and C. Sullivan. *The Top Ten Myths about Evolution.* Amherst, NY: Prometheus Books, 2006.

Smith, J. M., N. H. Smith, M. O'Rourke, and B. G. Spratt. "How Clonal Are Bacteria?" *Proceedings of the National Academy of Sciences of the United States of America* 90 (1993): 4384–88.

Smith, T. B. "Disruptive Selection and the Genetic Basis of Bill Size Polymor- phism in the African Finch *Pyrenestes*." *Nature* 363 (1993): 618–20.

Sober, E. *Evidence and Evolution.* Cambridge: Cambridge University Press, 2008.

Sokolowski, M. B. "Genes for Normal Behavioral Variation: Recent Clues from Flies and Worms." *Neuron* 21 (1998): 463–66.

Sorhannus, U., E. J. Fenster, A. Hoffman, and L. Burckle. "Iterative Evolution in the Diatom Genus *Rhizosolenia* (Ehrenberg)." *Lethaia* 24, no. 1 (2001): 39–44.

Sota, T., and K. Kubota. "Genital Lock-and-Key as a Selective Agent against Hybridization." *Evolution* 52 (1998): 1507–13.

Southwood, T. R. E. "Interactions of Plants and Animals: Patterns and Processes." *Oikos* 44 (1985): 5–11.

Spight, T. "Availability and Use of Shells by Intertidal Hermit Crabs." *Biology Bulletin* 152 (1977): 120–33.

Stearns, S. C. "The Evolutionary Significance of Phenotypic Plasticity." *Bio- science* 37, no. 7 (1989): 436–45.

Suttle, C. A. "Viruses in the Sea." *Nature* 437 (2005): 356–61.

Sweitzer, R. A., and D. H. Van Vuren. *Rooting and Foraging Effects of Wild Pigs on Tree Regeneration and Acorn Survival in California's Oak Woodland Ecosystems*. USDA Forest Service General Technical Report PSW-GTR- 184, 2002.

Sykes, B. "Using Genes to Map Population Structure and Origins." In *The Human Inheritance*, edited by B. Sykes, 93–117. Oxford: Oxford Univer- sity Press, 1999.

Teeling, E. C. "Hear, Hear; The Convergent Evolution of Echolocation in Bats." *Trends in Ecology and Evolution* 24, no. 7 (2009): 351–54.

Telford, S. R., and P. I. Webb. "The Energetic Cost of Copulation in a Polygyn- androus Millipede." *Journal of Experimental Biology* 201 (1998): 1847–49.

Templeton, A. R. "Out of Africa Again and Again." *Nature* 416 (2002): 45–51.

Thomas, G. L., and R. E. Thorne. "Night-Time Predation by Steller Sea Lions." *Nature* 411 (2001): 1013.

Thompson, J. N. "The Evolution of Species Interactions." *Science* 284 (1999): 2116–18.

Thompson, J. N., S. L. Nuismer, and R. Gomulkiewicz. "Coevolution and Maladaptation." *Integrative and Comparative Biology* 42 (2002): 381–87. Tishkoff, S. A., F. A. Reed, A. Ranciaro, B. F. Voight,

C. C. Babbitt, J. S. Sil- verman, K. Powell, H. M. Mortensen, J. B. Hirbo, M. Osman, M. Ibrahim, S. A. Omar, G. Lema, T. B. Nyambo, J. Ghori, S. Bumpstead, J. K. Pritchard, G. A. Wray, and P. Deloukas. "Convergent Adaptation of Human Lactase Persistence in Africa and Europe." *Nature Genetics* 39, no. 1 (2007): 31–40.

Tuchman, B. *A Distant Mirror: The Calamitous Fourteenth Century*. New York: Ballantine, 1987.

Tyndall, J. *Address Delivered before the British Association Assembled at Belfast, with Additions*. London: Longmans and Green, 1874.

Vermeij, G. J. *Biogeography and Adaptation*. Cambridge, MA: Harvard Uni- versity Press, 1978.

———. "The Evolutionary Interaction among Species: Selection, Escalation, and Coevolution." *Annual Review of Ecology and Systematics* 25 (1994): 219–36.

Vrba, E. "Mammals as a Key to Evolutionary Theory." *Journal of Mammalogy* 73, no. 1 (1992): 1–28.

———. "Mass Turnover and Heterochrony Events in Response to Physical Change." *Paleobiology* 31 (2005):157–74.

Vrba, E. S. "On the Connections between Palaeoclimate and Evolution." In *Palaeoclimate and Evolution with Emphasis on Human Origins*, edited by E. S. Vrba, G. H. Denton, T. C. Partridge, and L. H. Burckle, 24–45. New Haven, CT: Yale University Press, 1995.

Warrick, D. R., B. W. Tobalske, and D. R. Powers. "Aerodynamics of the Hov- ering Hummingbird." *Nature* 435 (2005): 1094–97.

Waser, N., and M. V. Price. "Pollinator Choice and Stabilizing Selection for Flower Color in *Delphinium nelsonii*." *Evolution* 35, no. 2 (1983): 376–90.

Watson, J. D. *The Double Helix*. New York: Atheneum, 1968.

Watson, J. D., with A. Berry. *DNA: The Secret of Life.* New York: Alfred A. Knopf, 2003.

Webb, J. K., G. P. Brown, and R. Shine. "Body Size, Locomotor Speed, and Antipredator Behaviour in a Tropical Snake (*Tropidonophis mairii, Colu- bridae*): The Influence of Incubation Environments and Genetic Factors." *Functional Ecology* 15 (2001): 561–68.

Webb, W. C., W. J. Boarman, and T. Rotenberry. "Common Raven Juvenile Sur- vival in a Human-Augmented Landscape." *Condor* 106 (2004): 517–28.

Weinberg, J. R., V. R. Starczak, and D. Jörg. "Evidence for Rapid Speciation Following a Founder Effect in the Laboratory." *Evolution* 46, no. 4 (1992): 1214–20.

Weiner, J. *The Beak of the Finch: A Story of Evolution in Our Time.* New York: Vintage/Random House, 1995.

Wells, D. J. "Muscle Performance in Hummingbirds." *Journal of Experimental Biology* 178 (1993): 39–57.

West, S. A., S. P. Diggle, A. Buckling, A. Gardner, and A. S. Griffin. "The Social Lives of Microbes." *Annual Review of Ecology, Evolution, and Sys- tematics* 38 (2007): 53–77.

White, M. D. *Modes of Speciation.* San Francisco: W. H. Freeman, 1978. Williams, G. C. *Natural Selection: Domains, Levels, and Challenges.* New York: Oxford University Press, 1992.

Wilson, E. O. "Introductory Essay: Systematics and the Future of Biology." In *Systematics and the Origin of Species: On Ernst Mayr's 100th Anniversary,* edited by J. Hey, W. M. Fitch, and F. Ayala, 1–8. Washington, DC: National Academies Press, 2005.

———. *Sociobiology: The New Synthesis.* Cambridge, MA: Belknap/Harvard University Press, 1975.

Witkin, E. S. "Ultraviolet Mutagenesis and the SOS Response in

Escherichia coli: A Personal Perspective." *Environmental and Molecular Mutagenesis* 14. Supplement 16 (1989): 30–34.

Woese, C. "A New Biology for a New Century." *Microbiology and Molecular Biology Reviews* (June 2004): 173–86.

Wolf, J. B. W., C. Harrod, S. Brunner, S. Salazar, F. Trillmich, and D. Tautz. "Tracing Early Stages of Species Differentiation: Ecological, Morpholog- ical, and Genetic Divergence of Galapagos Sea Lion Populations." *BMC Evolutionary Biology* 8 (2008): 150. doi:10.1186/1471-2148-8-150. Accessed March 10, 2011.

Wood, T. E., and L. H. Rieseberg. "Speciation: Introduction." In *Encyclopedia of the Life Sciences*. Vol. 17. Nature Publishing Group, London, 2002, pp. 415–22.

Wyatt, T. D. *Pheromones and Animal Behavior: Communication by Smell and Taste*. Cambridge: Cambridge University Press, 2008.

Xu, L., H. Chen, X. Hu, R. Zhang, Z. Zhang, and Z. W. Luo. "Average Gene Length Is Highly Conserved in Prokaryotes and Eukaryotes and Diverges Only between the Two Kingdoms." *Molecular Biology and Evolution* 23, no. 6 (2006): 1107–8.

Young, A., T. Boyle, and T. Brown. "The Population Genetic Consequences of Habitat Fragmentation for Plants." *TREE* 10, no. 11 (1998): 413–18.

Zachar, I., and E. Szathmary. "A New Replicator: A Theoretical Framework for Analysing Replication." *BioMed Central Biology* 8, no. 21 (2010): 1–26. Zheng, J., W. Shen, D. Z. Z. He, K. B. Long, L. D. Madison, and P. Dallos.

"Prestin Is the Motor Protein of Cochlear Outer Hair Cells." *Nature* 405 (2000): 149–55.

Zillber-Rosenberg, I., and E. Rosenberg. "Role of Microorganisms in the Evo- lution of Animals and Plants: The Hologenome Theory of

Evolution." *FEMS Microbiology Review* 32 (2008): 723–35.

Zimmer, C. *Evolution: The Triumph of an Idea*. New York: HarperCollins, 2001.

Zyll de Jong, C. G., C. Gates, H. Reynolds, and W. Olson. "Phenotypic Varia- tion in Remnant Populations of North American Bison." *Journal of Mam- malogy* 76, no. 2 (1995): 391–405.

更多关于进化的网站信息

除了书中注释部分列出的图书和论文外，还有一些高质量的网站可以帮助我们更多地了解生物的世界。这里列举一小部分：

在 *Encyclopedia of Life* 网站（http://www.eol.org.），我们可以输入物种的俗名或学名来查找任何生物。如果该物种被包含在数据库中，我们便可以在该网站上看到有关它的图片，以及基本特征、生态学、繁殖和遗传学的描述，还能够找到在哪里可以了解该物种的更多信息。*Encyclopedia of Life* 网站是进化生物学家爱德华·O. 威尔逊的智慧结晶。

Tree of Life Web Project 网站（http://tolweb.org/tree/）是另一个在线百科全书。网站上写道："*Tree of Life Web Project (ToL)* 网站是来自世界各地的生物学家和自然爱好者共同合作的成果。在其超过 10 000 个页面上，该网站提供了关于生物多样性、不同生物种群的特征以及相关进化史的信息。每个页面都是一个特定种群的信息，页面之间以生命进化树的形式，按层次结构彼此链接。从'地球上的伊始生物'开始，沿着分支向每个物种延伸，'生命之树的结构'也说明了所有生物之间的相互遗传进

化关系。"

Marine Life Information Network 网站（MarLIN，http://www. paleoportal.org）涵盖了东北大西洋海洋生物的重要信息资源。该网站上写道："*MarLIN* 网站是英国海洋生物协会的一项壮举。MarLIN 网站率先提议使用网络来传播有关东北大西洋海洋生物多样性的科学信息。在过去的 10 余年里，MarLIN 网站已经成为东北大西洋海洋生物多样性最全的信息来源。我们通过互联网免费而快速地为大家提供信息。该网站建设项目是与英国主要的环境保护机构和学术机构共同合作开发的。"

The Paleontology Portal 网站（http://www.paleoportal.org）由加州大学伯克利分校制作，其特色是收录了来自今天被称为北美的古代生物的图库，还有对古生物学家的采访，以及有关课程和野外地点的信息。

密歇根大学动物学博物馆的 *Animal Diversity Web* 网站（http://animaldiversity.um-mz.umich.edu/site/index.html）是一个关于"动物自然历史、分布、分类和保护生物学"的在线数据库，收录了数千种动物的相关信息。

美国农业部的 *Plants Database* 网站（http://plants.usda.gov/）提供美国及其属地有关的维管植物、苔藓、苔类、角蒿和地衣的相关信息。

在国际鸟盟的 *Data Zone* 网站（http://www.birdlife.org/datazone）上，可通过物种的俗名或学名搜索获得超过 10 000 种鸟的基本信息。

World Register of Marine Species (WoRMS) 网站有一个数

据库，提供了 20 多万种海洋生物的相关科学信息，其中包括 12 000 多张图片（截至 2010 年 8 月）。访问 http://www.marinespecies.org/，点击 "*Search taxa*"（*taxa* 指的是生物的种类），然后输入我们想要查找的物种名称。弹出的搜索结果中，大多数都包含了该物种栖息地、分布等内容，以及相关有用的外部站点的链接。

公共广播服务网的 *Evolution*（http://www.pbs.org/wgbh/evolution/）页面由 WGBH Boston 和 NOVA Science Unit 汇编，提供许多精彩的视频，其中包括对著名生物学家的采访，以及可供教师和学生学习的资源。

国家科学教育中心的网站（http://ncse.com/about）是一个非营利性的会员组织，为学校、家长和努力坚持在公立学校开展进化科学教育的公民提供信息和资源。该网站有一个 *Evolution Education* 页面，为学生提供许多资源，其中包括可以访问 *Creation/Evolution* 杂志的链接。

《科学日报》报道了大量的科学发现，其中包括进化论的相关内容。有关进化的信息，可访问 http://www.sciencedaily.com/news/plan-ts_animals/evolution/。

威斯康星大学麦迪逊分校的 *Primate Information Network* 网站提供了许多灵长类物种的有用信息。该网站一个特别有趣的特色是 "*Callicam*"，这是一个安装在狨猴围栏里的相机（狨猴是狨亚属的灵长类动物）。可访问：http://pin.primate.wisc.edu/。要观看 *Callicam* 的内容，可访问：http://pin.primate.wisc.edu/callicam/。

史密森学会的 *National Zoological Park* 网站上有许多动物的照片图集，其中包括灵长类动物。可访问 http://nationalzoo.si.edu/，点击其中的 *"Photo Galleries"*。